安徽省教育厅2023年高校优秀青年教师培育项目（项目编号YQYB2023107）

图解风景园林设计
从要素设计到空间布局

刘岳坤　编著

华中科技大学出版社
http://press.hust.edu.cn
中国·武汉

图书在版编目（CIP）数据

图解风景园林设计：从要素设计到空间布局/刘岳坤编著. -- 武汉：华中科技大学出版社, 2025.3.
ISBN 978-7-5772-1654-6

Ⅰ.TU986.2-64

中国国家版本馆CIP数据核字第2025CC8783号

图解风景园林设计——从要素设计到空间布局 刘岳坤 编著
Tujie Fengjing Yuanlin Sheji——Cong Yaosu Sheji Dao Kongjian Buju

策划编辑：袁　冲
责任编辑：叶向荣
封面设计：孢　子
责任校对：刘　竣
责任监印：朱　玢

出版发行：华中科技大学出版社（中国·武汉）　电话：（027）81321913
　　　　　武汉市东湖新技术开发区华工科技园　邮编：430223
录　　排：华中科技大学惠友文印中心
印　　刷：武汉科源印刷设计有限公司
开　　本：710mm×1000mm　1/12
印　　张：22
字　　数：358千字
版　　次：2025年3月第1版第1次印刷
定　　价：78.00元

本书若有印装质量问题，请向出版社营销中心调换
全国免费服务热线：400-6679-118　竭诚为您服务
版权所有　侵权必究

前言

设计是人类有目的、有意识的创造性实践活动,通过特定语言将计划、规划或设想转化为现实。在风景园林设计领域,这一过程体现为设计者运用专业知识与技术对场地进行深入分析与评价,提出系统性解决方案或优化策略,并通过特定图形语言将其直观呈现。设计者需具备充足的理论储备、多元化的设计思维以及准确的设计语言表达能力。作为一门交叉学科,风景园林设计需要融合生态学、建筑学、艺术学等多学科知识,以实现理论的创新与实践的突破。设计思维是解决问题的核心,它是一个系统化的分析与决策过程,涉及复杂问题的解决与创新方案的生成。单一思维模式难以全面洞察问题本质,因此需综合运用多种思维方式,如形象思维通过视觉化手段表达想法,抽象思维提炼核心逻辑,发散思维探索多种可能性,收敛思维筛选最优方案,灵感思维捕捉创意火花。这种多维度思维能够帮助设计者在复杂情境中做出精准且创新的决策。设计语言则是传达设计意图的关键,风景园林设计语言以图形为主,形象、直观且易于理解。从场地分析到设计草图,再到方案定稿,图形语言贯穿始终,成为传达设计理念、表达空间构思及实现创意落地的核心工具。

自2014年起,我投身于风景园林快速设计的教学工作,讲授"快速方案设计"这一考研课程。在教学与学习的过程中,我逐渐总结出一套以图形结构语言为核心的风景园林设计手法,并于2015年底编写了《风景园林快题设计方法与案例评析》一书。书中首次提出了空间营造的"结构五法",从空间结构语言的角度总结了风景园林空间设计方法。这一方法在当时取得了显著的教学效果,便于学生理解与掌握。然而,回顾过去,受限于当时的专业水平,方法虽有创新,但内容不够系统,讲解不够深入。"结构五法"主要侧重于路网结构及形态的分析归纳,对景观系统、结构、要素的阐述不够全面,在具体的空间设计中,也未能从功能、形态、尺度等多方面进行深入研究。自2017年起,我开始教授"建筑与场地规划设计""风景园林规划设计"等课程,经过近几年的实践,逐步积累了更多的设计经验并归纳了更多的教学方法,对风景园林设计也有了更深入的认识。这些都为本书的编写工作奠定了坚实的基础。

在当前的风景园林本科培养方案中,理论课程与设计课程占据了较高比例。然而,与"图形语言分析""图形化思维训练"相关的专门性课程却相对较少,导致理论教学与设计教学之间缺乏有效的中间环节。从理论学习到设计学习的过渡课程缺失,使得多学科广泛交叉的理论知识体系难以在图纸上得到体现,抽象的理论、概念、方法、技术难以转化为直观的图形语言。学生在设计过程中往往依赖口头叙述来表达设计想法,而缺乏运用图形语言进行分析、论证并准确绘制图纸的能力。这正是学习与教学的难点所在。为此,我花费两年时间撰写了本书书稿。经过多次校对和完善,本书终于得以完成,希望能为风景园林设计教学与学生的学习提供有益的参考。

本书通过图解的方式,将风景园林的相关理论、方法、技术直观地表现出来,尝试在理论知识体系与方案设计之间搭建一座衔接的桥梁。全书共分为4个章节:第1章为风景园林基本元素设计图解,以图解的形式从功能、形式、尺度方面讲解风景园林园路、地形、种植、铺装、水景、台阶坡道和景观设施设计理论及方法;第2章为风景园林节点布局与设计图解,从布局选址、设计要点到设计案例对风景园林节点进行了详细讲解;第3章为风景园林生态理论及其应用图解,梳理了部分景观生态学原理,并以图解的形式讲解其应用方式;第4章为风景园林快速方案设计案例,从项目概况、设计要求、设计成果以及设计评价等方面进行讲解,设计任务书来源于研究生考试真题(回忆版)、模拟题、毕业设计课题等。书中大部分图纸来源于课程教学过程中的演示、分析,小部分图纸为学生作业的批阅稿。本书可作为风景园林、环境设计、建筑学、城乡规划等专业的场地设计、园林设计基础、庭院设计、环境设施设计、园林规划设计等课程的参考书,也可作为相关专业考研科目中快速方案设计的参考教材。

由于时间紧,加上作者水平有限,本书在内容阐述以及图纸表现中难免会有疏漏或不妥之处,恳请读者批评指正。

2024年11月于合肥

目录 CONTENTS

1
风景园林基本元素设计图解　　001

1.1	园路设计图解	002
1.2	地形设计图解	020
1.3	种植设计图解	027
1.4	铺装设计图解	034
1.5	水景设计图解	039
1.6	台阶、坡道设计图解	052
1.7	景观设施设计图解	058

2
风景园林节点布局与设计图解　　077

2.1	节点总体布局与生成图解	078
2.2	出入口节点布局与设计图解	089
2.3	滨水节点布局与设计图解	093
2.4	儿童活动区布局与设计图解	099
2.5	露天剧场节点布局与设计图解	104
2.6	风景园林建筑布局与设计图解	106
2.7	健身运动空间布局与设计图解	108
2.8	停车场布局与设计图解	112

3

风景园林生态理论及其应用图解　117

3.1	边缘效应理论及其应用	118
3.2	岛屿生物地理学的启示	122
3.3	斑块、廊道设计	124
3.4	水流调控设计	128

4

风景园林快速方案设计案例　133

4.1	别墅庭院与小游园设计	134
4.2	城市社区公园设计	142
4.3	历史文化景观更新与设计	149
4.4	乡村振兴与乡村景观规划设计	156
4.5	主题公园与纪念性景观设计	165
4.6	老旧社区、工业区更新与改造	174
4.7	滨水公共空间绿地设计	187
4.8	旅游与风景区景观规划设计	200

4.9	生态修复与湿地公园设计	206	4.12	校园景观设计	250
4.10	广场景观规划设计	215			
4.11	市民休闲文化公园设计	240	**参考文献**		**254**

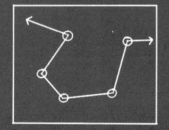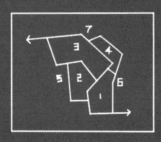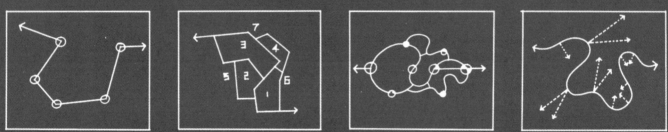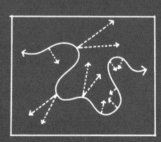

1 风景园林基本元素设计图解

1.1 园路设计图解

1.1.1 园路功能与形式

1. 园路功能

园路具有通行连接、空间划分、骨架构成和视线组织的基本功能作用（图1-1）。通行连接是指园路能够连接各个节点，引导人流，起到组织交通的作用。空间划分是指园路作为线性要素在空间中能够起到分隔空间、划分场地的作用。通过路网的合理规划，可以将场地划分成诸多类型的空间（大小、形态、位置），用于场地功能开发。在园路设计中应该考虑不同类型空间尺度及位置关系，在此基础上有目的地进行路网规划。骨架构成是指路网形成空间结构，对其他景观要素、节点的安排起到支配统筹作用，比如轴线的安排和序列组织都是在路网的配合下完成的。视线组织是指园路的设计可以引导和组织视线。

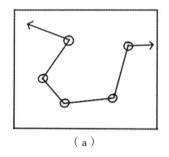 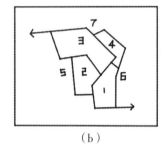 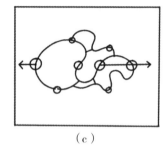 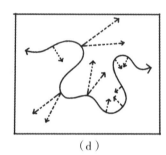

（a） （b） （c） （d）

图1-1 园路的基本功能作用

（a）通行连接；（b）空间划分；（c）骨架构成；（d）视线组织

2. 园路形式

园路的形式可以归纳为直线形、曲线形和混合形三种基本形态，在此基础上可以衍生出多种形式。

直线形园路形式包括直线90°相交路网、直线非90°相交路网和直线混合式路网（既有90°相交也有非90°相交）（图1-2）。

曲线形园路形式包括正圆曲线路网、椭圆曲线路网和混合式曲线路网（图1-3）。这里提到的曲线均为可测量、可量化的曲线，而非任意的、毫无规律的曲线形式。在设计实践中混合式曲线路网比较常用。仅使用正圆曲线或椭圆曲线会显得形式单一，空间变化不够灵活。

混合形园路形式是直线形与曲线形的组合（图1-4）。这种形式的路网中既有直线形元素也有曲线形元素，但两种形式出现的比例通常情况下并不是均等的，而是以一种形式为主，另一种形式为辅，如图1-4（c）中，曲线形园路多于直线形园路。若两种形式的园路使用范围相同、服务的面积相等，就无法区分主次，无法确定场地主导的线形形式，场地整体的形式风格就不容易体现。

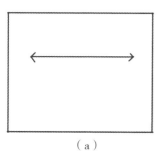 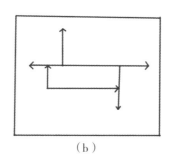 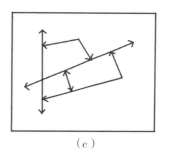 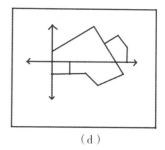

（a）　　　　　　　（b）　　　　　　　（c）　　　　　　　（d）

图1-2　直线形园路形式

（a）直线形；（b）直线90°相交路网；（c）直线非90°相交路网；（d）直线混合式路网

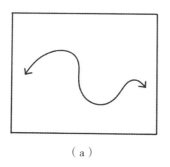 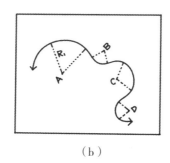 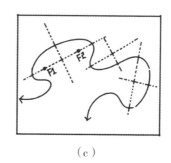 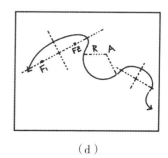

（a）　　　　　　　（b）　　　　　　　（c）　　　　　　　（d）

图1-3　曲线形园路形式

（a）曲线路网；（b）正圆曲线路网；（c）椭圆曲线路网；（d）混合式曲线路网

注：大小不同的正圆圆弧相互组合也可以形成类似椭圆曲线的形式效果。

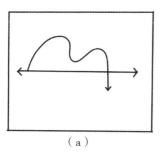 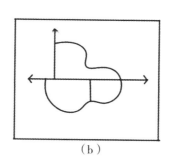 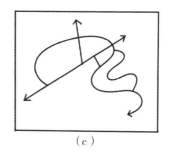 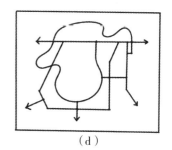

（a）　　　　　　　（b）　　　　　　　（c）　　　　　　　（d）

图1-4　混合形园路形式

（a）曲直结合；（b）曲直比例相当；（c）曲线多于直线，主导形式为曲线形；（d）直线多于曲线，主导形式为直线形

1.1.2 园路等级、尺度及其设计原则

1. 园路等级与尺度

园路一般可分为4个等级，分别是1级（主路）、2级（次路）、3级（支路）和4级（小路），不同等级的园路功能定位不同，主路承担主要人流，服务范围最广，小路则连接节点以及节点内部细部空间。

园路尺度主要是指园路的宽度。不同等级园路最大区别是园路宽度不同。方案设计中需要根据公园面积大小来确定园路的宽度，具体参考标准见表1-1。

表1-1 园路尺度（单位：m）

园路等级	公园总面积 A/hm^2			
	$A < 2$	$2 \leq A < 10$	$10 \leq A < 50$	$A \geq 50$
1级	2.0~4.0	2.5~4.5	4.0~5.0	4.0~7.0
2级	—	—	3.0~4.0	3.0~4.0
3级	1.2~2.0	2.0~2.5	2.0~3.0	2.0~3.0
4级	0.9~1.2	0.9~2.0	1.2~2.0	1.2~2.0

2. 不同等级园路设计原则

1）主要园路设计原则

主要园路服务范围最广，应能够合理连接各功能区，不能将主要园路设计成仅仅服务于某一功能区的园路。主要园路不能过于曲折，尤其是中大尺度的公园，主要园路线路转折应平滑自然，避免小角度转折和频繁转折。主要园路的选线应该避开高差剧烈变化、有潮汐变化或有其他危险因素的区域；场地中如有凸起山林地形和平坦地形，应尽可能将园路布局在较为平坦的区域；通常情况下，主要园路应为无障碍道路，需要注意纵坡坡度。邻水的场地应考虑水位变化，避免将主要园路设置在消落带区域，主要园路不能被水淹没，其标高应高于洪水设防高程（图1-5）。

2）次要园路设计原则

次要园路是对主要园路的补充，连接各个功能区以及各功能区内的功能空间节点。次要园路相较于主要园路可以更加富于曲折变化，结合空间以及视线组织的需要进行线路转折设计，让游人可以深入空间体验。山林区域由于地形变化较大，可以将次要园路布局其中，结合等高线变化创造登山观景步道，尽可能沿着等高线布置线路，也可以设置盘山路或"之"字形登山路；河湖水系旁的次要园路需要考虑水位变化以及游人的亲水体验，可以考虑将次要园路做微架空处理，以适应水位涨落和人的亲水需求（图1-6）。

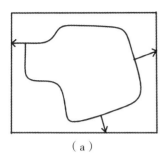 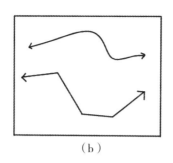 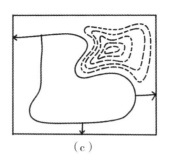 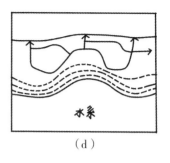

图1-5 主要园路设计原则

（a）主要园路服务范围广；（b）主要园路转折角度大，平滑转折；（c）主要园路尽可能选择较为平坦的区域，需要注意纵坡坡度，满足无障碍的要求；（d）邻水的场地应注意高程规划，不能将主要园路置于消落带内

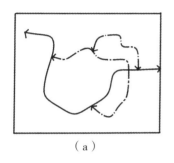 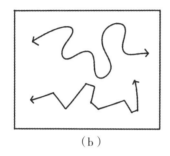 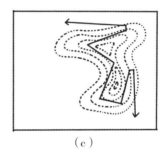 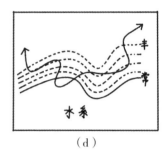

图1-6 次要园路设计原则

（a）次要园路（点画线）对主要园路（实线）进行补充；（b）次要园路可以更为曲折；（c）次要园路在山地中能适应地形细微变化，沿等高线布局或以"之"字形、"乡"字形转折上山；（d）次要园路可延伸至水面增强亲水体验感，结合地形变化，局部可设计成架空形式。

1.1.3 园路细节设计

1. 园路的交叉及其设计

1）园路交叉的类型及角度

路网设计中会存在园路交叉的问题，常见的交叉为十字形交叉［图1-7（a）］和T形交叉［图1-7（b）］。两个连续的园路交叉点应保持一定的距离，不能过于靠近，否则可考虑将交叉口合并，如图1-7（c）和图1-7（d）中A、B两个交叉点应保持合适的距离。应避免过度交叉［图1-7（e）］和尖锐角度交叉［图1-7（f）］的问题。不论园路是何种形式，两条园路相交的角度多数为90°或者是接近于90°，这种角度的设计更加便于通行［图1-7（g）、图1-7（h）］，山地园路除外。

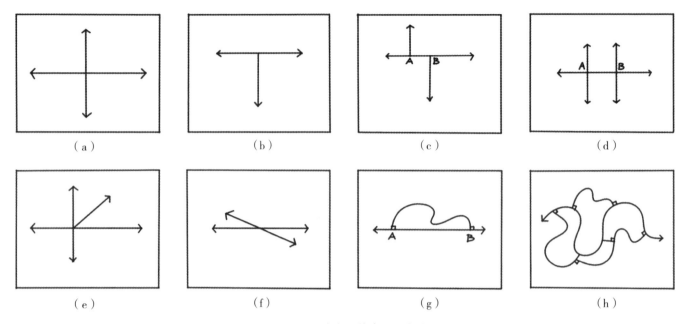

图 1-7 园路交叉的类型及角度

（a）十字形交叉；（b）T形交叉；（c）T形交叉，两邻近交叉点应保持距离；（d）十字形交叉，两邻近交叉点应保持距离；（e）过度交叉；（f）尖锐角度交叉；（g）直曲线 90°相交；（h）曲线相接处接近 90°相交

2）不同形态园路间的连接关系

不同形态园路之间的衔接需要考虑两个基本问题：一是衔接的角度问题，角度不能太小，若锐角转折（山地园路除外）变化突然，则不便于游人游览；二是形态的统一性问题，为了设计风格的统一性，同一条园路的形式会保持风格上的一致，不会忽直忽曲地突然变化。曲直线路之间的连接可以十字形交叉也可以 T 形交叉，还可以通过搭接形成一个闭合区域来创造新的节点，这是不同园路间连接的一个重要方式（图 1-8）。

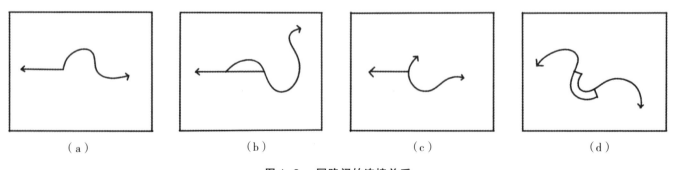

图 1-8 园路间的连接关系

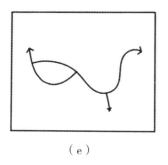 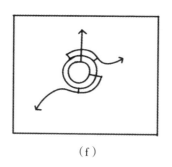 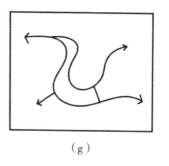 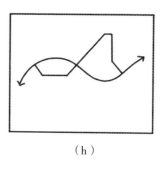

(e) (f) (g) (h)

续图 1-8

（a）直线直接接上曲线，显得不自然；（b）直线与曲线相互搭接，形成闭合区域，这种衔接方式自然，亦可形成新的节点；（c）直线与曲线T形相接，相接处角度接近90°；（d）曲线之间相互错位搭接，形成新的节点；（e）搭接与T形衔接相结合；（f）按照同心圆的形式进行园路衔接；（g）直曲线相组合的搭接模式；（h）折线与曲线的搭接

3）园路交叉的细节处理

相交的两条园路多数需要进行倒角处理，倒角的形式包括圆曲线倒角［图1-9（a）、图1-9（d）、图1-9（g）］和直线切角［图1-9（f）］；园路的交叉处往往能够汇集更多的人流，为了便于人流疏散，避免人流拥挤，可将交叉口设计成一个较宽的区域［图1-9（b）］，也可将绿岛置于交叉点［图1-9（h）］；部分园路可以设计成架空式，形成空中特色步道，能够避免园路过多交叉导致的人流冲突［图1-9（c）］。

2. 园路与节点的关系

1）园路穿过节点中心

园路从节点中心穿过，将节点分为两个大小均等的空间［图1-10（a）］。

2）园路穿过节点边缘

园路从节点的边缘穿过，将节点分成两个大小不等的区域，两个空间面积大小一般具有一定的比例关系，如1∶3、1∶5等［图1-10（b）］。

3）园路与节点相切

园路与节点相切，即园路沿着节点边界穿过［图1-10（c）］，此时园路没有穿过节点内部，节点保持空间完整性，内部空间使用不受人流干扰。

4）园路与节点相离

园路与节点相离［图1-10（d）］，即通过辅助园路连接节点，此时园路上的人流对节点干扰最小，节点具有较高的独立性和私密性。

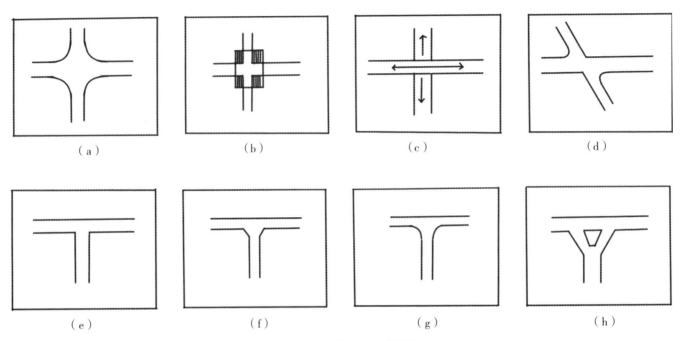

图 1-9 园路的交叉细节设计

（a）十字形交叉圆曲线倒角；（b）十字形交叉增加交叉点面积；（c）十字形交叉立体交通；（d）十字形交叉阳角倒角；（e）未做倒角处理的 T 形相交路口；（f）T 形路口的直线切角；（g）T 形路口的圆形倒角；（h）T 形路口增加绿岛

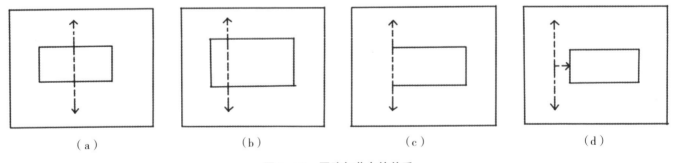

图 1-10 园路与节点的关系

3. 园路与空间的关系

1) 园路对空间的切割与分隔

园路具有切割、分隔空间的作用。场地在被规划之前是一个未被定义功能、未进行空间划分的区域［图 1-11（a）］。通过园路的设计可以将场地划分为多个大小不同的区域。不同的区域可以被定义出不同的功能，如空间1和空间2可以被定义成两个不同的功能区［图1-11（b）］。综合性公园尺度大，功能类型多样，可以结合园路将场地划分为更多的区域，邻近的空间可以定义成属性相似的功能或具有配套关系的功能，例如空间1、空间6、空间3、空间7可以定义成不同类型的四种运动空间，一起组合成运动健身区［图1-11（d）］。

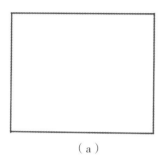 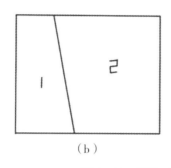 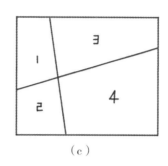 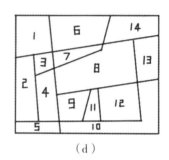

（a） （b） （c） （d）

图1-11　园路对空间的切割与分隔

2）园路对空间尺度及形态的控制

园路对空间的切割与分隔需要注意其对空间尺度以及形态的控制作用。园路可以均等地划分空间［图1-12（a）］，也可以将空间划分成多个不同的尺度，形成空间尺度对比［图1-12（b）］。通常来说，公园内的空间是不均等的，大小、形态各不相同，目的是满足不同的活动需要，特定的活动类型需要特定尺度的空间来实现。另外，空间形态控制也是一个重要的设计点，园路可以将空间切割成长条状，也可以划分为团块状，具体设计成何种形态要结合功能来确定［图1-12（c）、图1-12（d）］。

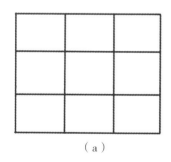 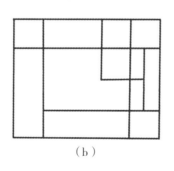 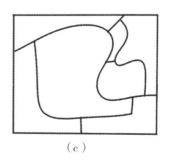 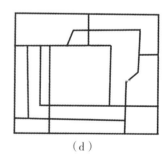

（a） （b） （c） （d）

图1-12　园路对空间尺度及形态的控制

1.1.4 山地园路设计

1. 基本原则

1）因地制宜原则

山地公园的道路设计应充分考虑地形条件，将等高线与道路选线结合考虑，尽可能保持原有地形地貌，结合道路选线设计、景观空间布局需要可适当调整局部地形。

2）生态保护原则

在道路线路设计过程中，应充分保护原有植被、水体等生态要素的格局，力求将对生态系统的影响降到最低。

3）安全性原则

由于山地地形复杂，设计时应充分考虑安全因素，如边坡防护、硬化面防滑设计、护栏设施布置等，确保游人在使用过程中的安全。

4）功能性原则

规划设计中要合理布局，强化山地园路功能性；根据地形和景点分布，设计主次园路，确保园路连接主要景点和服务设施；园路线形与地形相结合，减少突兀感，结合园路设置观景平台，提供最佳观赏点等。

2. 山地园路线路规划

山地由于地形起伏较大，园路坡度不好控制，与平地路线规划有较大不同。首先要认真研判等高线特征，尽可能使园路走向与等高线走向保持平行或接近平行的状态，通过"之"字形转折来设计适宜的纵坡坡度（图1-13）。一般来说，主要园路纵坡坡度应小于12%，支路和小路纵坡坡度宜小于18%，超过规定坡度的路段应作特殊处理，如设置台阶、梯道或进行防滑设计。无法实现坡道设计的山地园路，尤其是坡度大的山地公园或景区可设计成梯道或采用架空栈道的形式。

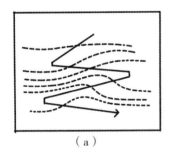 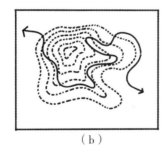 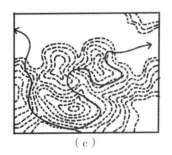 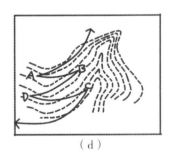

(a) (b) (c) (d)

图1-13 山地园路线路设计

（a）"之"字形路；（b）适应并平行于等高线；（c）适应地形，选择最佳路线；（d）"乡"字形路

1.1.5 步石设计

步石是置于地面之上供人们行走的石块，多在草坪、林间、水岸边、庭院等小空间场所使用。步石是小型园路的重要组成部分，尺度最小，布局最为灵活，应用广泛。也可以将这类步石置于浅水之中，按照一定的步距设置石块，微露水面之上，游人可以跨步而过。

1. 步石设计的基本形式

步石设计的基本形式见图 1-14。

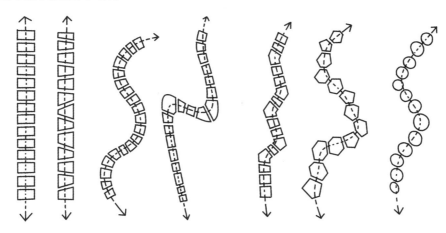

图 1-14 步石设计的基本形式

2. 步石设计应注意的问题

步石应结合人的行走尺度、行走习惯以及安全性等方面进行设计，否则易出现步石之间距离过大或过小，步石宽度不够，流线转弯过急、走向混乱，形式风格不统一等问题（图 1-15）。

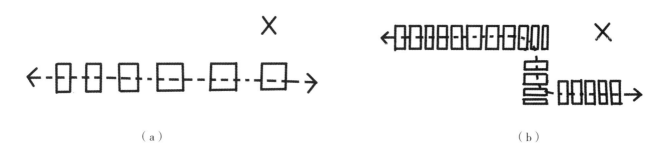

（a） （b）

图 1-15 步石设计应注意的问题

（a）间距过大；（b）转弯处步石不完整，缝隙多且与转弯方向不一致；（c）正确做法，转折处步石顺应转向，较为完整；（d）步石流线走向混乱；（e）步石形式混乱，缺乏统一性，间距不一致；（f）步石交错，实际使用宽度不够

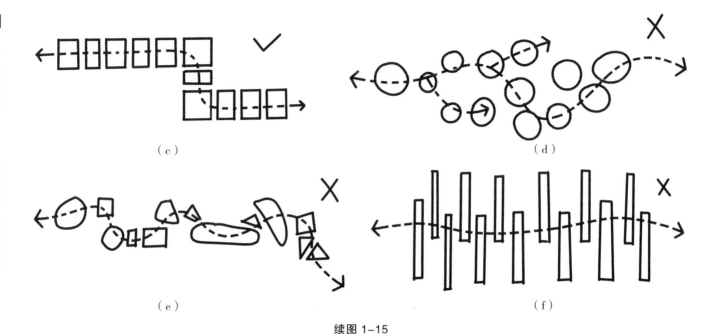

续图 1-15

1.1.6 园路总体布局设计的几个重要参考量

园路总体布局设计需要考虑路网密度、路网对比度和路网线形形式三个重要因素（图 1-16、图 1-17）。

1. 路网密度

路网密度是公园单位陆地面积上园路的长度。其值的大小影响空间尺度、视线变化以及通行效果。路网密度过高，会将公园切割得过于细碎，弱化功能空间多样性。路网密度过低，会导致园路体系不完善，道路服务范围不够、通达性弱等问题，同时也会影响多种类型空间的形成。

2. 路网对比度

基地内局部路网密度不是均衡的，会受到地形、景观资源等限制因素的影响。适宜的路网密度差异有利于空间尺度对比的形成，为不同尺度的功能空间开发创造条件。均匀的布局密度是导致空间切割均一化的重要原因，将不利于空间类型多样化的塑造。

3. 路网线形形式

园路线网是由多种形态的线条相互穿插、拼接、组合而形成的整体。不同的线条形态与结构可营造出不同形式的道路，如规则式、自然式、混合式。多数情况下，场地内的园路常被设计成混合式，即以某一形式为主，另一种形式为辅的路网形式。

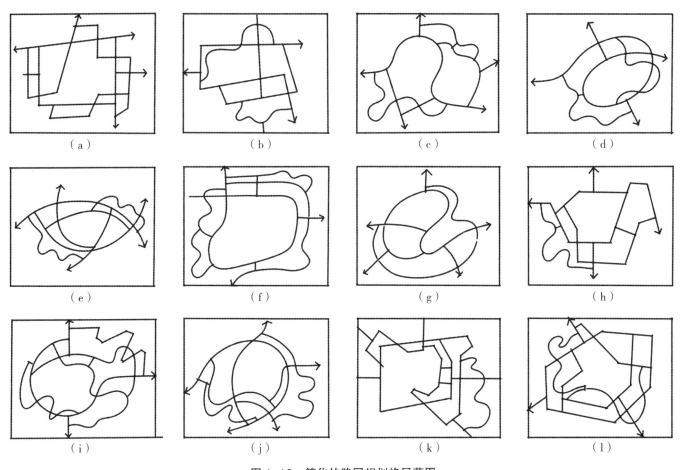

图 1-16 简化的路网规划格局草图

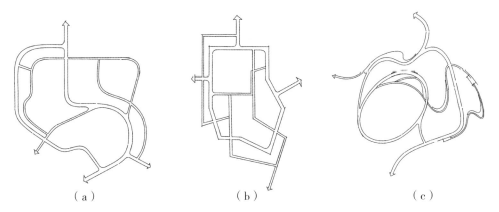

图 1-17 细化后的路网规划格局草图

注：细化后的路网应明确道路主次、衔接细节等。

1.1.7 架空园路设计

1. 景观桥与架空步道的概念

1）景观桥

桥一般是指跨越河道、峡谷等天然障碍而建造的人工通道[图1-18（a）、图1-18（b）]，主要由桥面以及支撑结构组成。景观桥除了基本通行功能，还有着重要的景观功能：一方面，特殊的形态、结构、材料运用使得桥在景观中成为人们观赏的对象；另一方面，游人行走在景观桥上可以观赏到不同的景色。

2）架空步道

架空步道是指将园路进行架空处理[图1-18（c）、图1-18（d）]，园路上的所有荷载不直接传递给地面，而是通过架空的梁板和立柱向地面传递荷载。架空步道可以架设在水面、峡谷等区域，也可以架设在平坦的陆地之上。这种设计具有减少地表硬化面积，提高透水性等生态功能。

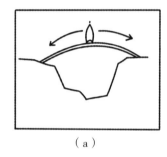
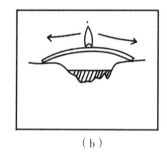
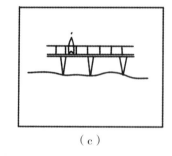
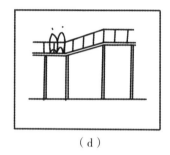

（a）　　　　　　　　　（b）　　　　　　　　　（c）　　　　　　　　　（d）

图1-18　景观桥与架空步道

2. 架空步道作用

架空步道的基本作用是满足游人通行游览、组织观赏视线、划分场地空间、串联节点等，除此以外架空步道还具备常规园路不具备的观景体验、生态功效和工程作用，也可提高空间利用率。

1）观景体验

架空步道提供了一个较高的观景视野，结合观景需要，可以将园路架空到不同的高度之上，给游人带来不同寻常的观景体验[图1-19（a）]。

2）生态功效

架空步道具有较好的生态功效。路面的架空，降低了地表硬化比例，可有效扩大透水面积；对生态流的影响小，有利于物质流、能量流、基因流在空间中自由流动，如地面径流流动、植物种群发展、动物运动等[图1-19（b）]。

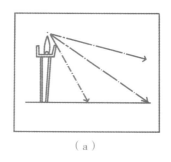 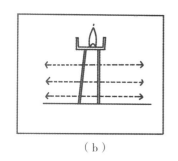 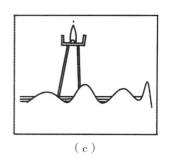 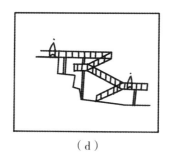

(a)　　　　　　　　(b)　　　　　　　　(c)　　　　　　　　(d)

图 1-19　架空步道的作用

3) 工程作用

架空步道具有重要工程作用，对于地形起伏较大的地块，能够降低土方工程量，节约成本 [图 1-19（c）]。山地园路通过架空设计，可以营造出适宜的纵向坡度和特殊的观赏路线 [图 1-19（d）]。

4) 提高空间利用率

架空步道的下部还可以作为活动空间或结合有关服务性的建筑进行设计，提高空间的整体性、关联性和利用率。

3. 架空园路的设计要点

架空园路与地面园路在功能上相似，但也有差异，两者之间具有互补性。地面园路作为主要园路，承担主要人流流通；架空园路一般可作为辅助园路或特色观景步道来使用，与地面观景通道互为补充。在设计上应考虑以下几点。

1) 选线设计

架空园路的线路设计应结合节点布置、观赏对象的位置和距离、地形等因素进行构思。不宜将架空园路与地面园路平行重叠布置，应各有所取、各为特色、互为补充。

2) 上下通道设计

应结合节点位置、人流量设置相应的上下通道（楼梯和坡道）。

3) 观景平台设置

在重要的观赏位置上可将架空园路适当作拓宽处理，或增设专用观景平台，以扩大观赏空间游客容量，避免人流拥堵。

4) 结合多要素设计

架空园路作为园路体系中较为有特色的观景路线或设施，需要与其他的景观要素紧密配合，形成一个具有整体性、关联性的功能空间（图 1-20）。

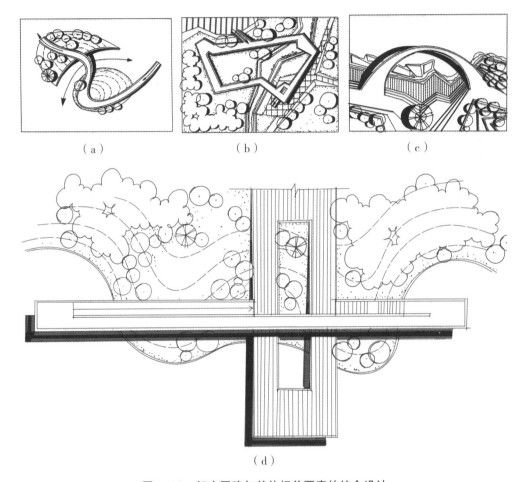

图 1-20 架空园路与其他相关要素的结合设计

（a）结合地形坡度进行架空园路的坡道设计，使得地形变化与架空园路之间产生关联；（b）架空园路与种植的结合设计，植物起到点缀、控制视线的作用；（c）架空步道与滨水广场的结合设计；（d）架空园路与亲水平台相结合，创造具有力量感的亲水观景台

4. 架空园路的设计基本形式

架空园路的形式可以从平面和立面上进行分类。平面设计上（图 1-21），架空园路的基本形式有直线形、曲线形。直线有折线、拼接等形式。曲线有曲线随形、圆形、螺旋线等形式。具体选用何种形式的架空园路，需要结合场地风格、主题进行选择。从立面图上看（图 1-22），架空园路可以是等高的，也可以结合设计需要将架空园路设计成带有坡道或梯道的形式，形成一定的行走起伏。如遇场地有较多地形变化，架空园路可以随着地形高低变化而变化。桥面竖向变化坡度应参照园路纵坡设计标准，坡度大的应设计成梯道。

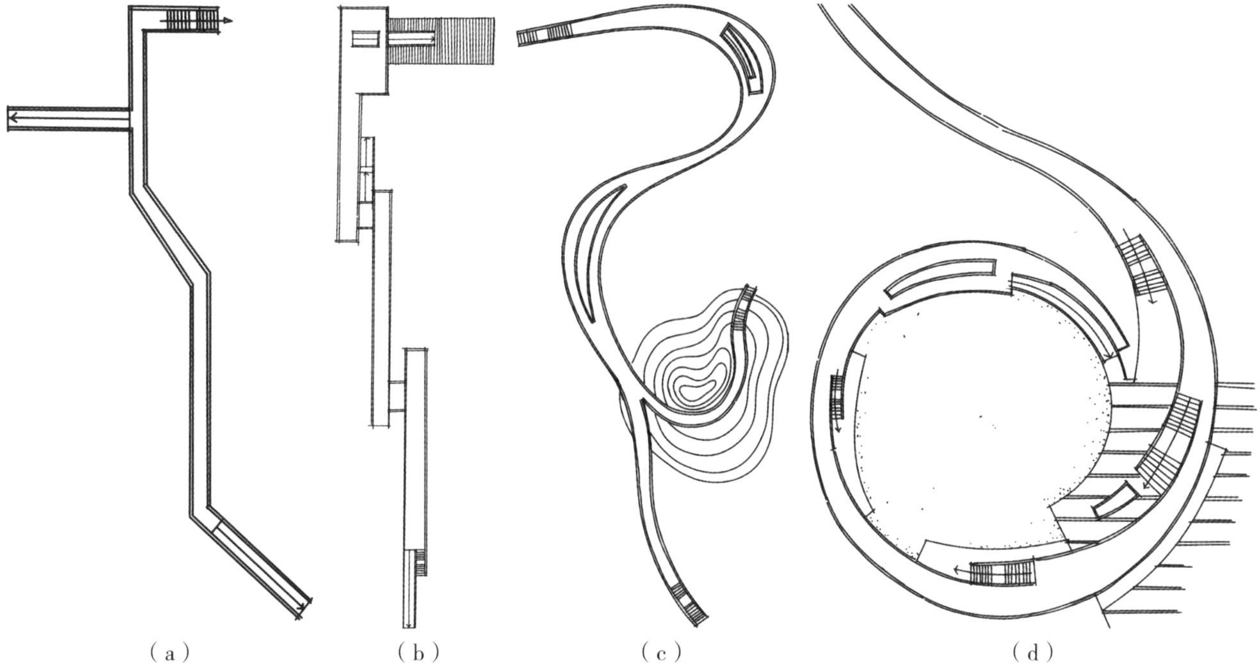

(a)   (b)   (c)   (d)

图 1-21 架空园路基本平面形式

（a）直线折线形式；（b）直线拼接形式；（c）曲线随形，结合地形；（d）圆形、螺旋线形式

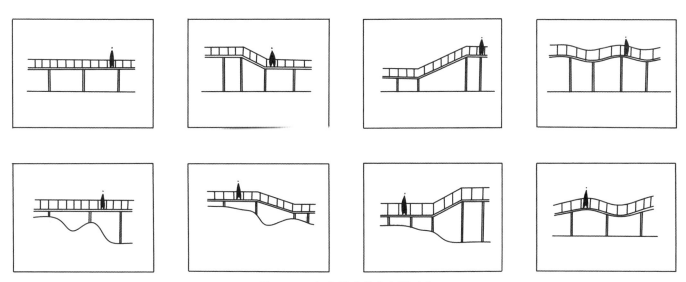

图 1-22 架空园路基本立面形式

5. 架空园路的设计案例

架空园路是园路体系的重要组成部分，与地面道路相比，其功能略有不同。地面园路是主要园路，承担路网的主要功能，架空园路一般作为辅助园路或者特色观景步道来设计。其路线走向不可与地面园路重复，在功能服务、视线组织上应与地面园路形成互补关系（图1-23、图1-24）。

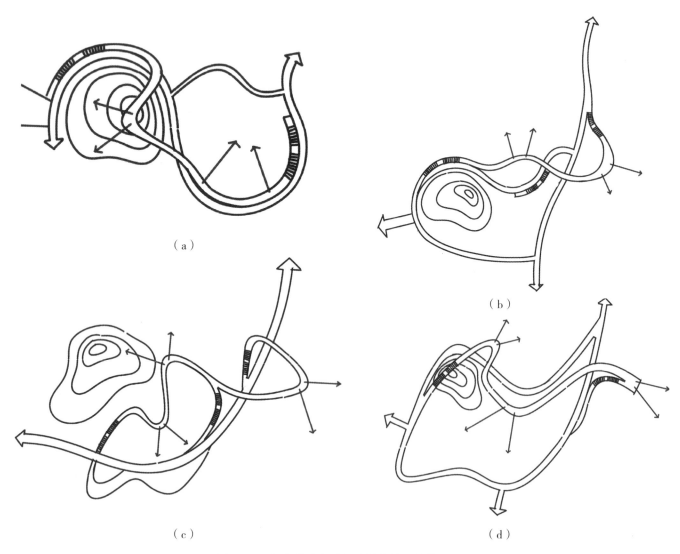

图1-23 架空园路在路网设计中的组合关系A

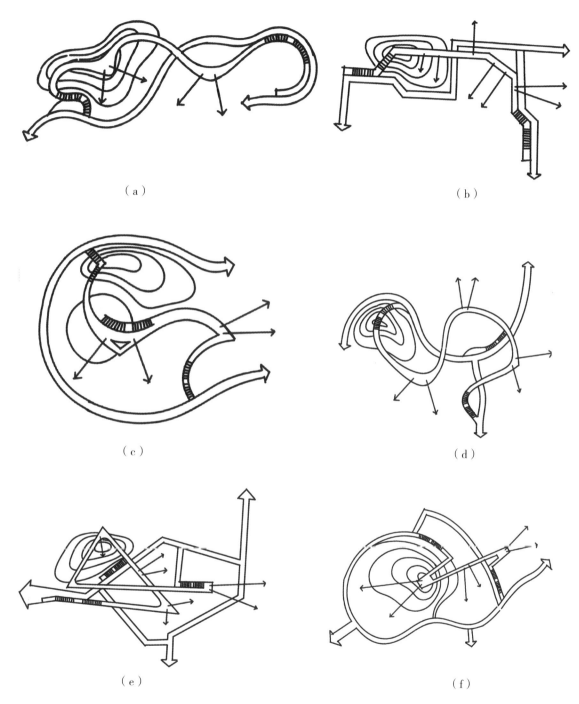

图 1-24 架空园路在路网设计中的组合关系 B

1.2 地形设计图解

1.2.1 地形的类型与形态

1. 地形的类型

地形的类型多样,常见的类型可以归纳为平地形、凸地形、凹地形、缓坡、陡坡、陡崖、山脊、山谷等。在设计中要通过合理创造多样的地形来塑造多样的空间形式。

1)不同地形的剖面表现

(1)平地形:场地平整无明显起伏变化。这种平整是相对而言的,一般来说都会有一定坡度,平地形坡度一般为3%,设计中的平地形也需要考虑排水要求[图1-25(a)、图1-25(e)]。

(2)凸地形:局部区域向上凸起,明显高于周边地表。凸地形可以分为斑块状凸地形和条带状凸地形[图1-25(b)、图1-25(f)],条带状凸地形可以作为堤坝、防水坎等使用。

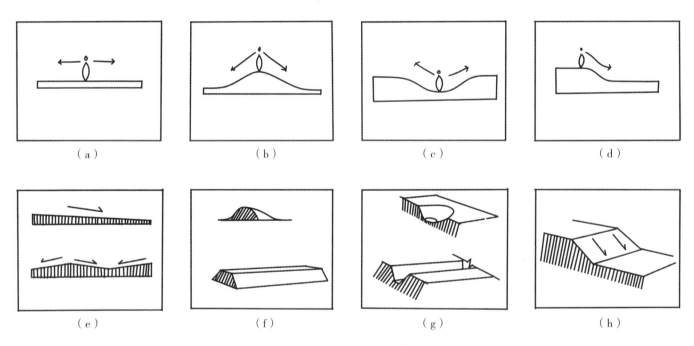

图1-25 常见的地形类型A

(3)凹地形:局部区域向下凹陷,明显低于周边地表。凹地形可以分为斑块状凹地形和条带状凹地形。斑块状凹地形为盆地状,常被设计成下沉式绿地和下沉广场,空间性格较为内敛,可以创造出具有一定围合性、内聚性的空间;条带状凹地形为沟形,是植草沟、自然水槽的重要形式之一,在空间中径流的传输通常需要沟形地形的参与[图1-25（c）、图1-25（g）]。

（4）缓坡：下降或上升较为平缓的地形（坡度一般小于或等于15°）[图1-25（d）、图1-25（h）]。

（5）陡坡：下降或上升较为显著的地形（坡度一般大于15°）[图1-26（a）、图1-26（e）]。

（6）陡崖：近似于垂直的山坡[图1-26（b）、图1-26（f）]。

（7）山脊：由两个坡向相反，坡度不一的斜坡相遇组合而成的条形脊状地形。山脊也被称为分水岭，在设计中可以形成两个不同方向的坡面[图1-26（c）、图1-26（g）]。

（8）山谷：一般指两个相邻山体间低凹而狭窄的区域。其间多有涧溪流过。山谷又被称为汇水线，是两个相向而行的坡面交会形成的狭长的区域[图1-26（d）、图1-26（h）]；风景园林设计中，山谷可作为径流汇集、传输的通道。

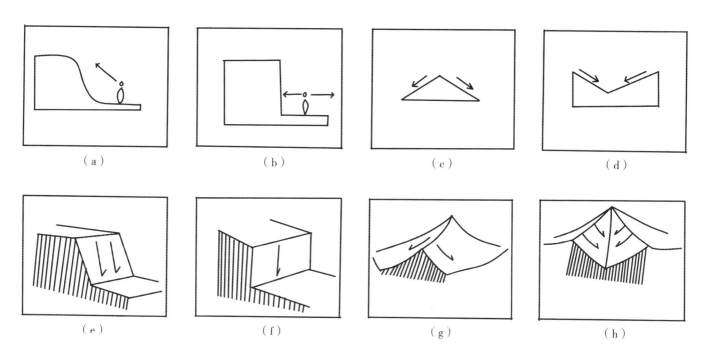

图1-26 常见的地形类型B

2）不同地形的等高线表现

（1）平地形：几乎没有等高线穿过，或等高线稀疏且相邻等高线等高距小[图1-27（a）]。

（2）凸地形：局部等高线从边缘到中心数值增高，形态以斑块状或条带状密集出现[图1-27（b）]。

（3）凹地形：局部等高线从边缘到中心数值降低，形态以斑块状或条带状密集出现[图1-27（c）]。

（4）缓坡：较为疏松的等高线连续下降或上升的地形[图1-27（d）]。

（5）陡坡：较为显著的密集等高线连续上升或下降的地形［图1-27（e）］。

（6）陡崖：等高线趋向或接近于重合［图1-27（f）］。

（7）山脊：等高线凸向低数值方向［图1-27（g）］。

（8）山谷：等高线凸向高数值方向［图1-27（h）］。

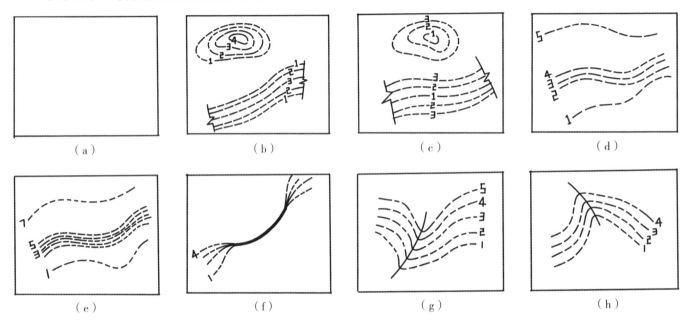

图1-27　不同地形的等高线表现

2. 地形的形式

地形的形式要根据空间功能、风格的需要进行选择，一般而言可以分为自然式和规则式两种。

1）自然式地形

自然式地形等高线变化自然且以不规则曲线为主；地形变化丰富，类型多样（图1-28）。

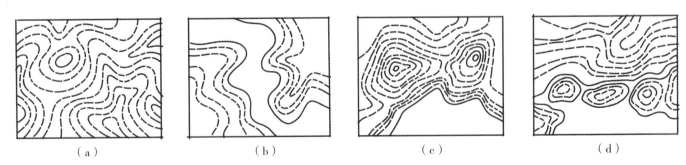

图1-28　等高线表现下的自然式地形

2）规则式地形

规则式地形等高线以规则的几何曲线和直线为主，地形变化讲究数学逻辑和基本的大众审美法则（图1-29）。

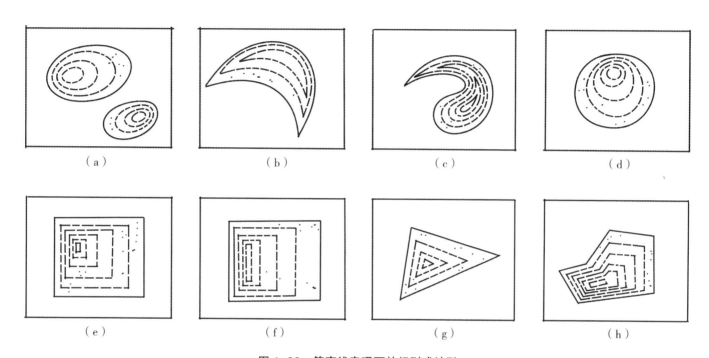

图1-29 等高线表现下的规则式地形

1.2.2 地形塑造与等高线表现

1. 挡土墙参与下的地形塑造

挡土墙和地形是常见的设计搭档，两者相结合可以创造出各种形态、功能、尺度的地形。

1）直线挡土墙在地形塑造中的应用

直线挡土墙适用于直线主题风格的设计，以直线或折线的形式进行设计（图1-30）。

2）曲线挡土墙在地形塑造中的应用

曲线挡土墙适用于曲线风格或者以曲线为基本形的空间设计（图1-31），可采用具有数学逻辑的几何曲线或者具有一定自由度的组合曲线（如正圆曲线+椭圆曲线等）。

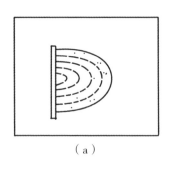 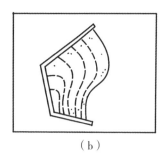 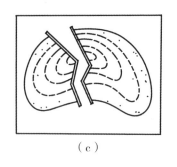 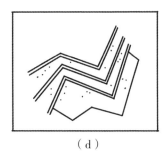

（a） （b） （c） （d）

图 1-30　直线挡土墙参与下的地形设计

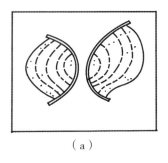 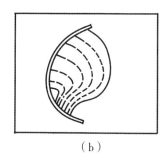 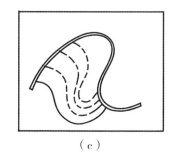 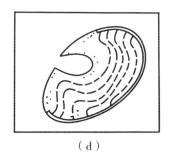

（a） （b） （c） （d）

图 1-31　曲线挡土墙参与下的地形设计

自然环境中的土质地形通常坡度较为舒缓（石质地形除外），在雨水的冲刷下会形成自然的倾斜坡度（土壤自然堆积，经沉落稳定后，将会形成一个稳定的、坡度一致的土体表面，此表面即为土壤的自然倾斜面。自然倾斜面与水平面的夹角，就是土壤的自然倾斜角，即安息角）。若要在小尺度范围内创造出一定高度、一定坡度的地形，或者需要创造部分地形片段，通常就需要利用挡土墙来配合创造。通过挡土墙的切割、分隔、限定来创造各种形态、尺度的地形。

2. 地形与等高线表现

1）等高线细节设计

等高线是地形设计表达的重要符号。不同类型、形态的地形都要通过等高线准确地表达出来。等高线形态、等高线密度变化规律是地形设计的重要控制变量（图 1-32）。

2）等高线细节设计应注意的问题

在进行地形设计、等高线表现的时候，极易出现一些表达错误，尤其是初学者，在不能够完全理解等高线表现含义的时候，容易出现表达错误或者表达不准确的情况（图 1-33）。

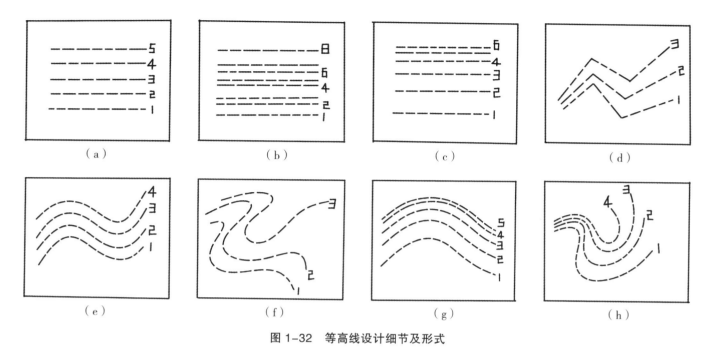

图 1-32 等高线设计细节及形式

（a）直线或折线等高线均匀变化，均匀上升或下降；（b）直线或折线等高线不均匀变化，无规律上升或下降；（c）直线或折线等高线渐变式下降或上升；（d）直线或折线等高线韵律式变化；（e）曲线等高线均匀变化，等距上升或下降；（f）曲线等高线不均匀变化，无规则上升或下降；（g）曲线等高线渐变式下降或上升；（h）曲线等高线韵律式变化

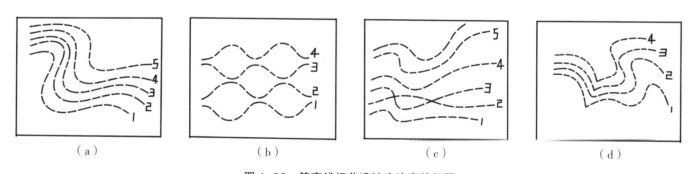

图 1-33 等高线细节设计应注意的问题

（a）等高线的变化具有一定的跟随性，即前后两条相邻等高线凸起方向、形态变化具有关联性；（b）等高线一般不会向相反的方向变化；（c）等高线一般不会交叉，等高线是相同高程点的集合，不同高程的等高线不会相交叉；（d）等高线的转折较为平滑，一般不会出现尖锐的转折

1.2.3 规则式地形设计

在规则式园林中，规则式地形造景的形式运用广泛，形态简洁，与规则式的空间结构骨架相适应。在这类地形的设计中我们可以营造锥形坡地，控制坡度变化和坡向，也可以结合挡土墙来创造富于变化的空间，并结合种植和铺装进行细化和围合面的设计（图1-34）。

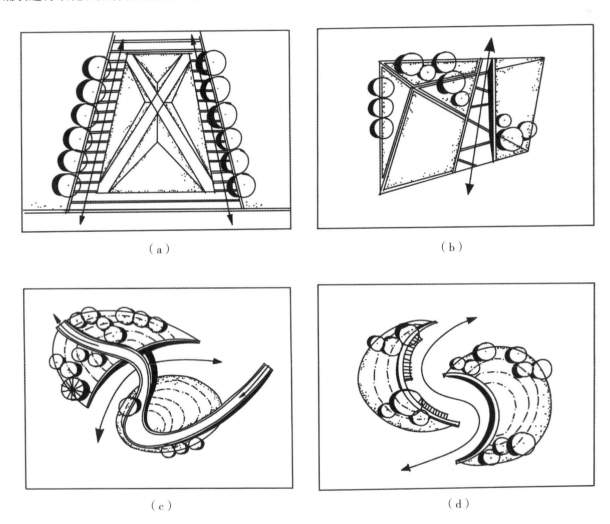

图1-34 规则式地形的设计

（a）梯形入口的线性切割结合坡地的坡度变化；（b）锥形地形利用挡土墙切割空间；（c）利用挡土墙创造地形，形成坡地引桥；（d）弧形挡土墙的空间分隔作用

1.3 种植设计图解

1.3.1 种植设计功能与空间形式

1. 种植设计功能作用

1) 种植引导作用

通过种植空间设计，预先设定视线方位及尺度，能够有效引导视线（图1-35）。

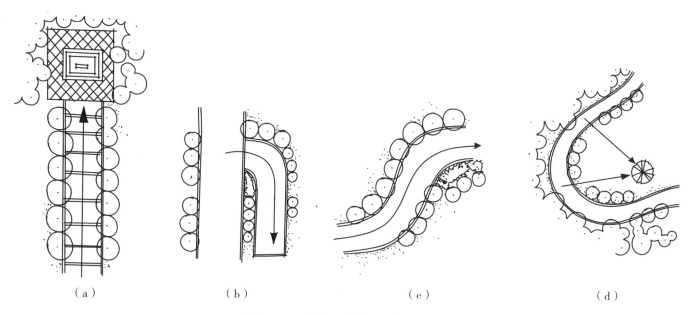

图1-35 种植设计对视线的引导作用

（a）引导视线聚焦前方雕塑；（b）地下车库入口，种植在弯道外侧的树木起到引导的作用，弯道内侧种植低矮灌木或草坪，视线通透；（c）S形道路弯道外弯种植引导，内弯视线通透扩大视域；（d）引导视线聚焦前方景点，通过种植设计有意识开辟视觉通道

2) 种植遮挡作用

通过种植设计可以遮挡外部视线、噪声等不利因素，确保内部空间干扰最小化；同时可以遮挡一些消极景观，如一些不希望被游人看见的设施设备。引导与遮挡是种植设计对视线的控制手段。通过有针对性地控制，游客能在空间中获得更好的视觉观赏体验（图1-36）。

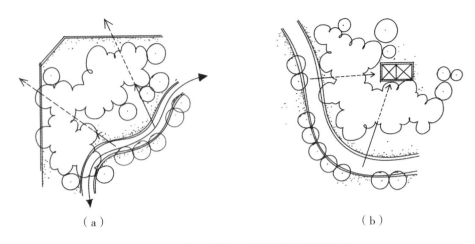

图 1-36 种植设计对消极因素的遮挡作用

（a）遮挡外部视线、噪声等不利因素，确保内部空间干扰最小化；（b）遮挡一些不希望被游人看见的设施设备

3）种植空间构筑作用

植物在空间中有类似于墙体的功能，能够分隔或围合空间；不论是硬质场地还是软质场地中，都可以结合功能开发的需要，围合并限定我们想要的空间。植物的空间围合按照围合的强度可以分为开敞式空间、半开敞半围合空间、封闭空间，其中封闭空间包括四面围合的空间以及既有四面围合又有顶面覆盖的空间（图 1-37）。

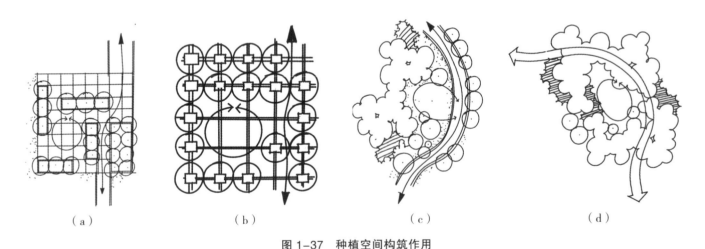

图 1-37 种植空间构筑作用

4）种植强调作用

通过选用不同的植物种类种植在节点周围，与基调树种形成差异，从而起到突出和强调局部空间的作用（图 1-38）。

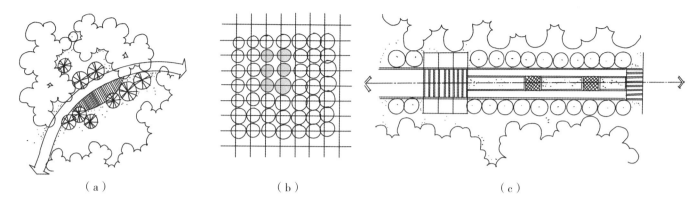

图1-38 种植的强调作用

（a）通过不同植物种类和尺度突出局部空间；（b）通过高对比度色彩来突出和强调某一空间；（c）通过自然式和规则式差异化种植，强化轴线方向

2. 种植空间设计形式

1）自然式

自然式种植是在模拟自然植物群落空间形态的基础上，结合园林空间塑造、视觉美感、生态效益发挥以及工程等方面的需要而进行的人工种植行为（图1-39）。

2）规则式

规则式种植以几何形态空间进行种植。几何矩形种植包括矩形阵列化种植、矩形中心围合性种植、矩形组合性种植等。几何圆形或椭圆形种植包括圆形围合、圆形阵列、圆形组合等。除此以外，还有带状或线状种植形式（图1-39）。

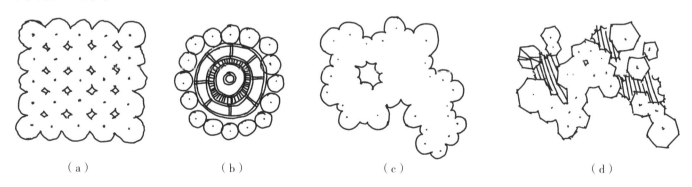

图1-39 种植设计的空间形式

（a）阵列种植；（b）同心圆种植；（c）自然式乔木群种植；（d）自然式组合植物群落种植；（e）矩形阵列化种植；（f）矩形组合性种植；（g）直线带状或线性种植；（h）自然式组合种植

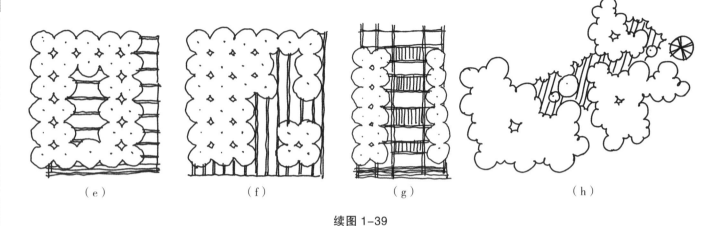

续图 1-39

1.3.2 树木配置的方法与种植设计应注意的问题

1. 树木配置的方法

1) 孤植

孤植即单株种植,在景观中能够起到画龙点睛的作用。空间中的孤植会成为视觉的焦点,因此在树种选择上应选择形态优美、观赏价值高的树种。通常结合空间尺度选择不同体量大小的树木,如较大尺度的草坪视野开阔、视距长,可选择体量大的孤植;一些道路节点、出入口处可以种植尺度小的孤植,用来近距离观赏(图1-40)。

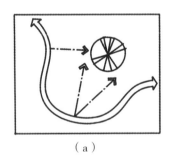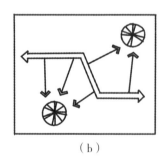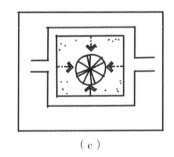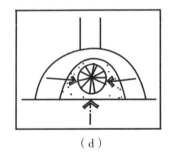

图 1-40 孤植设计

2) 对植

对植多用于公园、建筑的出入口或纪念物、桥头、蹬道台阶两侧,起到烘托主景的作用,也可以形成配景、夹景(图1-41)。对植一般选择外形整齐、美观的植物。对植分为对称式对植和非对称式对植两种。对称式一般对树形要求比较高,高度、树冠大小、分枝形态要相近;非对称式可以一大一小,一高一矮,或树冠大小、枝飘形式和方向各具特色,形成一种不对称的美感。

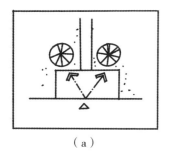 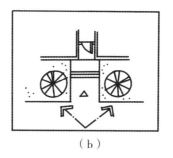 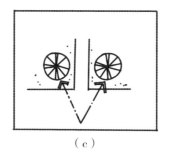 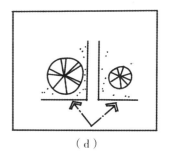

图 1-41 对植设计

3)丛植

丛植多应用于自然式种植设计中,构成丛植的植物株数为 3～10 株,几株植物按照不等株行距,疏密散植于绿地之中,形成若干种植组团(图 1-42)。

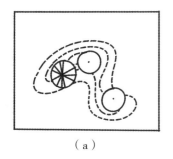 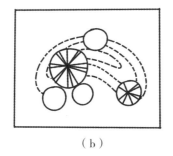 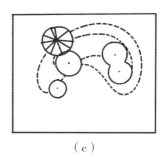 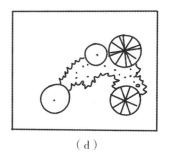

图 1-42 丛植设计

4)群植

群植是植物群体性种植,通过成群成面地种植,塑造整体的种植气势。群体种植需要注意天际线的控制,植物群体内也需要区分主次,通过高矮、树形、色彩的对比形成主次关系(图 1-43)。

5)线性种植

线性种植一般是沿着道路、硬质空间边界、河道、防护性空间边缘等进行设计。在场地设计中,行道树种植是线性种植的应用之一。线性种植有直线式种植、曲线种植、圆弧形种植等,可选择规格相当的乔木种植,营造较为统一的种植围合面,起到整合周边要素的作用;也可以按照一定的节奏交替种植不同的树种形成一定的种植韵律(图 1-44)。

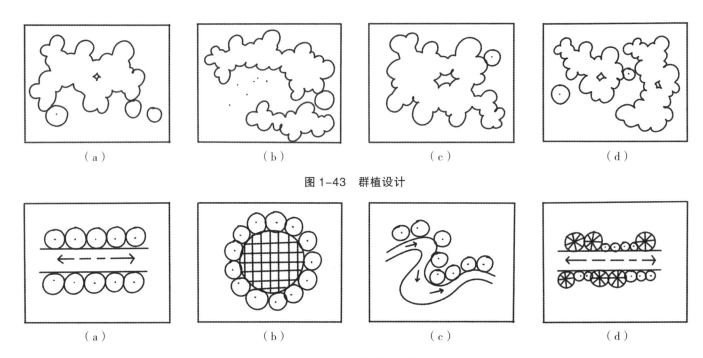

图 1-43 群植设计

图 1-44 线性种植设计

2. 种植设计应注意的问题

1）种植设计的围合方向

要注意植物的空间围合,以及围合的方向和位置。在场地设计中,种植设计多数朝向内部围合空间,而不是将空间的开口朝向场地外侧,即边缘种植原则。将植物种植于空间边缘,起到限定与围合的作用,创造一个具有独立性、私密性的内部空间。向内围合有全围合［图 1-45（a）］与半围合之分［图 1-45（b）］,结合空间需要进行设计。若将植物种植于场地核心或由核心空间向外部围合会导致内部优质空间被占用,人的活动空间散布于场地边缘,不利于创造一个具有独立性、私密性的功能空间［图 1-45（c）］。此外,一些模棱两可的种植形式［图1-45（d）］,没有明确的围合目标,会影响空间塑造。

2）种植设计对比度

种植设计必须具有一定的疏密对比度,自然的植物群落由于异质性因素,在空间中的自然分布具有较强的疏密对比［图 1-46（a）］；除了疏密对比,还有植物体量大小的对比、色彩对比、形态对比等。缺乏对比的种植空间易形成单一的空间视觉体验。单一的松散种植或单一的密集种植都缺乏自然植物群落的空间感［图 1-46（c）、图 1-46（d）］。

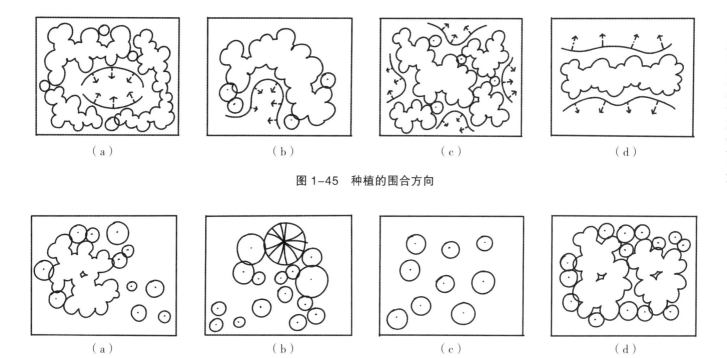

图 1-45 种植的围合方向

图 1-46 种植设计对比度

3）种植设计整体性

种植设计必须确保具有一定的整体性，松散破碎的种植设计会导致空间破碎，无法有效组织视线。种植的破碎感主要体现在种植单体与种植组团之间缺乏联系，树木、草、花相对孤立地散置在空间之中，空间的整体性差（图 1-47）。

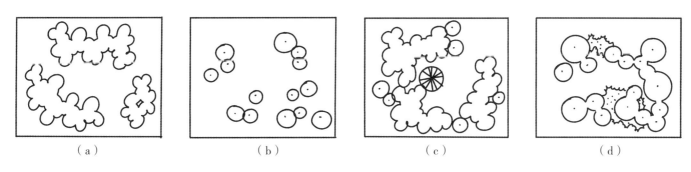

图 1-47 种植设计整体性

（a）群体树木的松散种植；（b）单体树木的松散种植；（c）具有整体性的种植空间；（d）草灌乔整体配合，具有层次性和整体性

1.4 铺装设计图解

1.4.1 铺装的功能与尺度

1. 铺装的功能

1）满足高频使用需要

铺装即硬质场地的铺面设计，能够提高场地的耐踩踏限度、活动舒适性和安全性［图1-48（a）］。

2）限定空间与功能暗示

铺装具有重要的空间限定作用，可以划分空间区域［图1-48（b）］并暗示功能［图1-48（c）］。

3）装饰作用

铺装具有美化、装饰空间的作用［图1-48（d）］，也可以作为文化符号记录和传承地域文化。

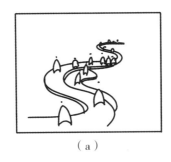
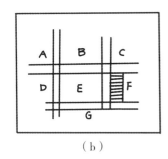
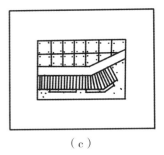
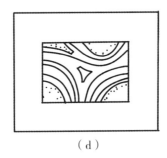

（a）　　　　　　　　（b）　　　　　　　　（c）　　　　　　　　（d）

图1-48　铺装的功能作用

2. 铺装尺度问题

1）铺装尺度与铺装尺寸

在概念性设计阶段，铺装的尺度指的是铺装的结构、网格的相对尺寸。在快速方案设计中，铺装尺度通常是指其结构、形式的尺寸，而铺装尺寸是指各类铺装块材的实际长、宽、厚数值。

2）如何确定合适的铺装尺度

最直观的办法是通过不同要素间的大小对比来确定合适的铺装尺度。以常规的乔木为例。在快速方案设计表达中，铺装的网格大小应小于乔木的树冠直径，若明显大于乔木的树冠直径，则显得铺装尺度过大［图1-49（a）］，比例失调，缺乏细节感；若明显小于乔木，则显得铺装尺度过小［图1-49（d）］、线条过密，也会导致比例失调。

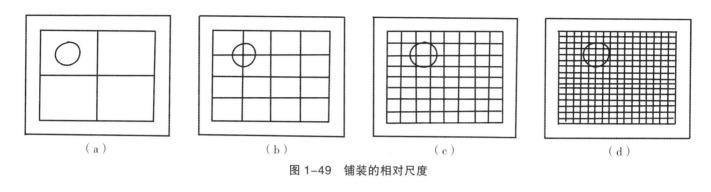

图1-49 铺装的相对尺度

1.4.2 铺装的分类与形式

1. 铺装的分类

铺装按照铺砌形式可以分为整体铺装和块料铺装。整体铺装包括沥青铺装、混凝土铺装、塑胶铺装等，块料铺装包括天然石材铺装、人造块材铺装、木质铺装等。

2. 铺装的形式

铺装的形式是指铺贴材料的形态、铺贴的结构形式、铺装整体的纹理图样等。按照铺设结构、块材形态，铺装可以分为直线网格铺装、直线条形铺装、直线碎拼铺装、曲线铺装、曲线网格铺装等（图1-50、图1-51），还可以结合形态需要创造出渐变或具有韵律变化的铺装形式。

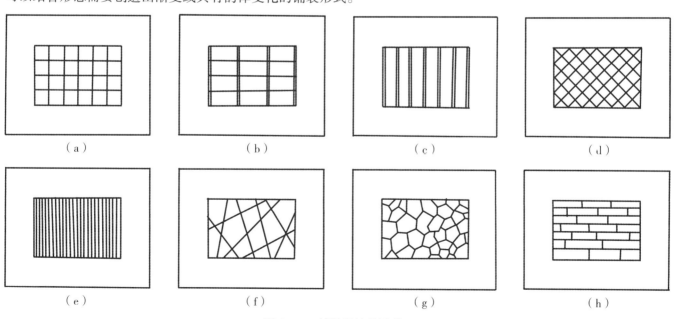

图1-50 铺装设计的形式A

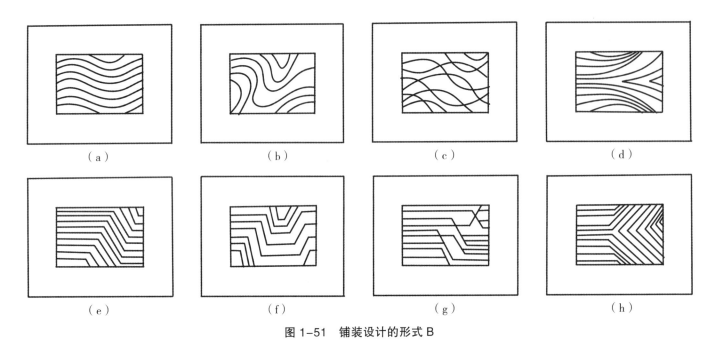

图 1-51 铺装设计的形式 B

1.4.3 铺装的组合设计

1. 铺装的组合设计及铺贴形式

1）铺装的组合设计

铺装的组合设计需要结合功能、形式及风格的需要。可将同种材质、同种形式，但不同尺度大小的铺装进行组合设计，形成尺度对比，从而起到强调、突出某一具体空间、功能或风格的作用[图 1-52（a）]；也可以将不同材质、不同质感、不同尺度或不同排列形式的铺装进行组合设计，从而起到突出、强调、区分功能的作用[图 1-52（b）、图 1-52（c）]；通过铺装的线性布局、完整的流线构图，除了可以强调空间功能，还可以起到引导流线的作用[图 1-52（d）]。

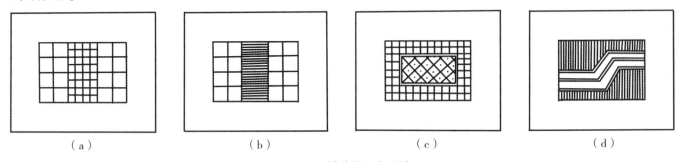

图 1-52 铺装的组合设计

2）铺装的铺贴形式

铺装的铺贴形式需要注意与硬质边界的角度关系，通常来说应与铺装边界相垂直［图1-53（b）］，若为非垂直状态，则角度变化多、整体性差［图1-53（a）、图1-53（c）］、材料利用率低、施工难度大。曲线边界的铺贴角度也应随着曲线边界的变化而变化，可以结合圆形放射线进行设计［图1-53（d）］。

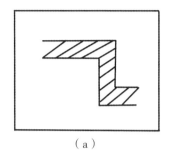 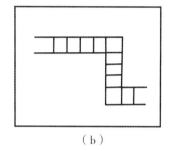 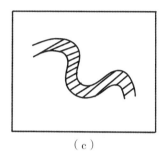 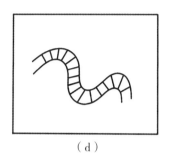

（a）　　　　　　　（b）　　　　　　　（c）　　　　　　　（d）

图1-53　铺装的铺贴形式

2. 铺装与其他要素的组合设计

1）铺装与种植的组合设计

硬质空间内应结合多种要素进行组合设计，尤其是软质要素的镶嵌，可以起到很好的调节、修饰空间的作用。在铺装场地中，可以结合铺装形式嵌入种植池，这些种植池在空间中的组合，又进一步限定空间、修饰空间、强化空间功能，并提高空间舒适度（图1-54）。

2）铺装与景墙、亭廊等要素的组合设计

结合铺装的结构、形态，将景墙、亭廊等要素镶嵌在其中，能够起到空间划分的作用，还能够为游人提供具体的功能场所。景墙、亭廊的形式往往要结合铺装网格的形式进行设计，保持风格、结构、形态的整体性与关联性（图1-55）。

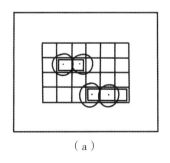 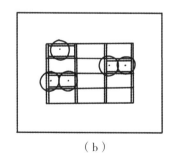 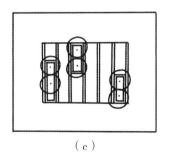 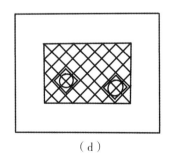

（a）　　　　　　　（b）　　　　　　　（c）　　　　　　　（d）

图1-54　铺装与种植的组合设计

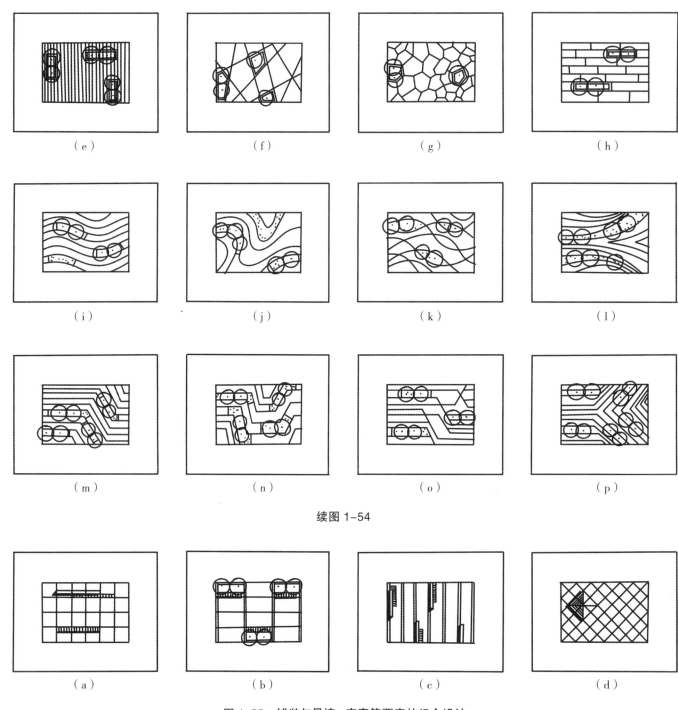

续图 1-54

图 1-55 铺装与景墙、亭廊等要素的组合设计

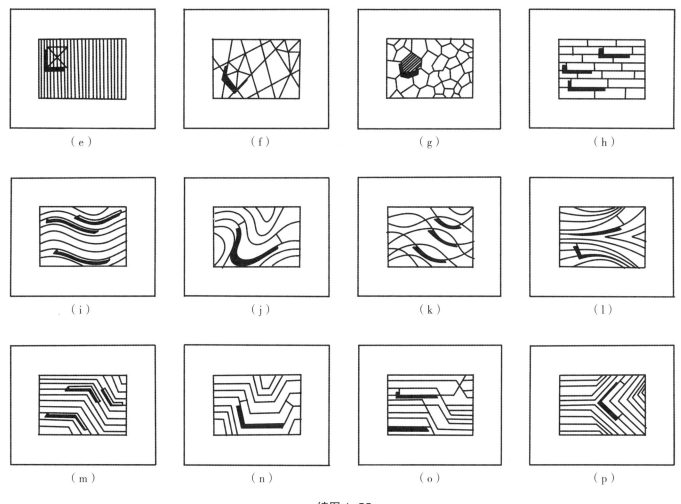

续图 1-55

1.5 水景设计图解

1.5.1 小型水景设计

1. 小型水景平面形式

小型水景一般起到点缀空间、活跃空间氛围、调节小气候的作用，通常会结合广场、种植、景墙等要素进行组合设计。其平面形式可分为规则式和自然式，规则式又分为直线规则式和曲线规则式。具体采用何种形式，应结合场地骨架或元素的基本形态、风格及主题来选择。

1）直线规则式小型水景平面

以直线为基本元素，按照直线间的相交角度可分为纯直角几何构图（直线相交角度均为90°）和不规则多边形构图两类，不规则多边形构图中，直线间相交角度可按照一定规则或模数进行设计，如30°交角、60°交角、120°交角等。具体场地设计中，应注意水面空间变化，如水面面积大小对比、宽窄变化等（图1-56）。

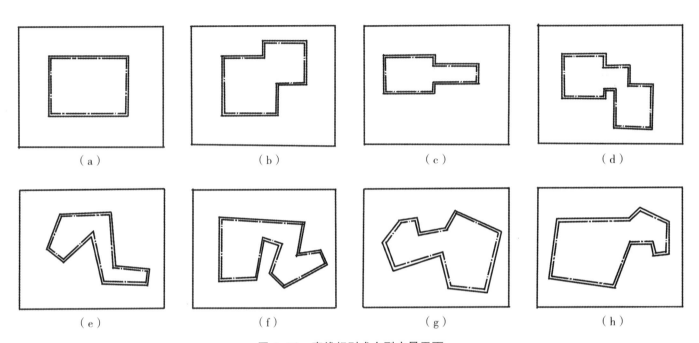

图1-56 直线规则式小型水景平面

2）曲线规则式小型水景平面

以曲线为基本元素，其形式构成方法包括同心圆设计、螺旋线设计、椭圆曲线设计或多种方法相结合的空间构成模式。曲线规则式小型水景平面通常要结合曲线风格景观要素进行组合设计（图1-57）。

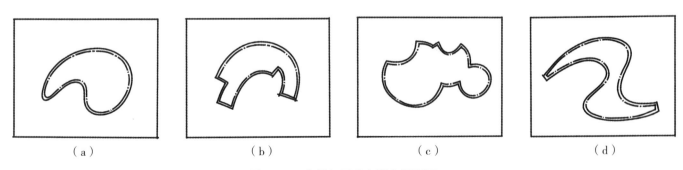

图1-57 曲线规则式小型水景平面

3）自然式小型水景平面

自然式小型水景平面线形变化自由，其水面设计的基本原则是要控制水面大小，力求形成空间对比，即水面空间要有开有合、有大有小、有收有放，模仿自然水体的形式。自然式小型水景平面多应用在自然式园林，与植物、山石以及各类人工构筑物相结合，营造具有生态效果、人文意境的园林空间（图1-58）。

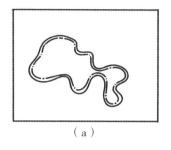 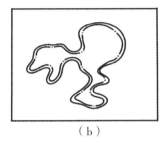 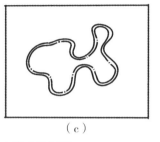 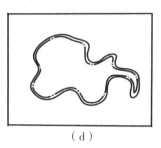

（a） （b） （c） （d）

图1-58 自然式小型水景平面

2. 小型水景节点剖面设计形式

1）硬底小型水景

硬底小型水景通常做成规则式，常见的形式有以下几种。

（1）单一的水池景观。

简单的硬底水池，无其他装饰性或功能性要素设计［图1-59（a）］。

（2）台阶下沉式水池景观。

创造一个下沉式空间，游人可以更进一步亲水，通过竖向的变化，强化了水景空间的限定［图1-59（b）］。

（3）下沉亲水平台式水池景观。

通过下沉处理，结合亲水平台进行组合设计［图1-59（c）］。

（4）下沉亲水平台结合水景景墙设计。

通过景墙可以创造叠水（或跌水）景观，增加了水景呈现方式。［图1-59（d）］。

小型水景常结合动态水景进行设计，增强水景的趣味性与活力。

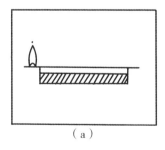 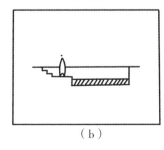 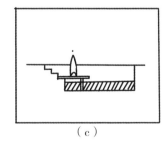 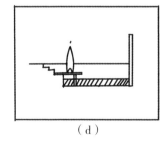

（a） （b） （c） （d）

图1-59 硬底小型水景剖面设计形式

2）软底小型水景

软底小型水景通常做成自然式，强调自然美和生态功能（图1-60）。一般会将驳岸设计成草坡入水、散石点缀的形式。软底小型水景的设计选址需要考虑场地的土壤地质条件，要求设计场地具有较好的保水性或常有积水，砂质土壤或无低洼积水等区域不宜设计软底生态水景。

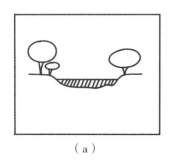 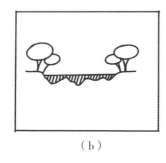 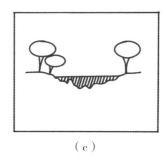 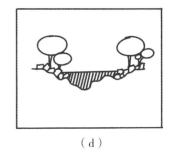

（a）　　　　　　　　（b）　　　　　　　　（c）　　　　　　　　（d）

图1-60　软底小型水景剖面设计形式

3. 小型水景设计案例

小型水景能够起到点缀空间、活跃气氛、调节微气候的作用，其设计应是综合性的。孤立地创造水面无法实现造景的目标，设计中可尝试将水的呈现与多种景观要素相结合，如植物与水相结合形成蓝绿组合，植物可以形成围合面，增加小型水景空间感，同时植物在水面的点缀，也增加了水景的视觉层次；景墙能够切割水面，增强空间趣味性；水面汀步设置增加了观赏流线，提高了亲水性及参与性（图1-61）。

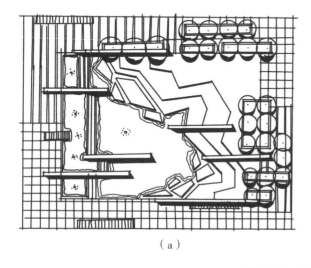 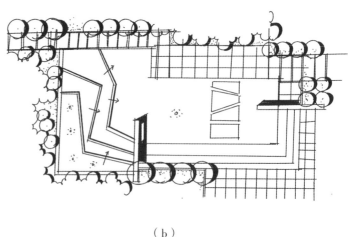

（a）　　　　　　　　　　　　　　　　（b）

图1-61　小型水景节点组合设计A

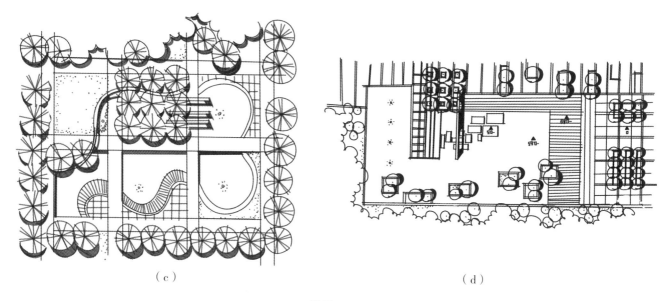

(c)   (d)

续图 1-61

小型水景节点尺度小，使用动态水景呈现可以提高空间品质和吸引力（图 1-62），如喷泉、跌水等，动态水景能够活化小空间，实现生态增益。景墙穿插与分隔、亲水平台的嵌入、竖向设计优化等综合手段是创造小型水景空间的重要方法（图 1-63、图 1-64）。

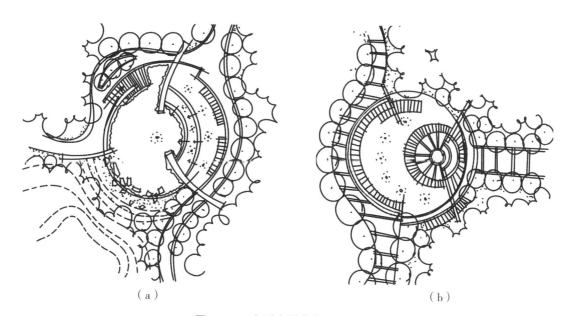

(a)   (b)

图 1-62　小型水景节点组合设计 B

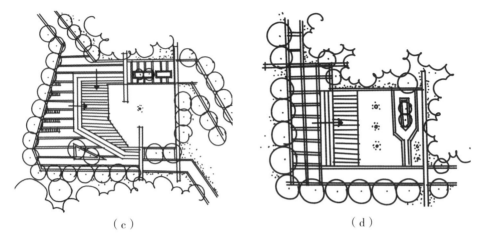

(c) (d)

续图 1-62

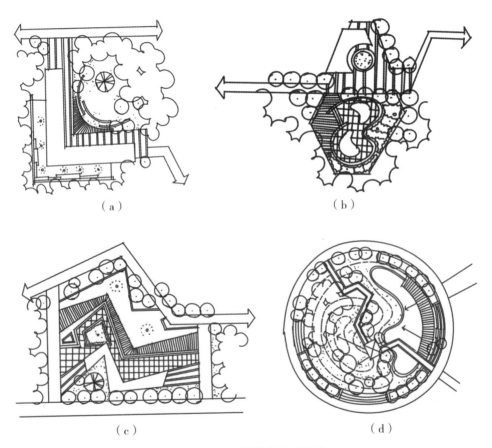

(a) (b)

(c) (d)

图 1-63 小型水景节点组合设计 C

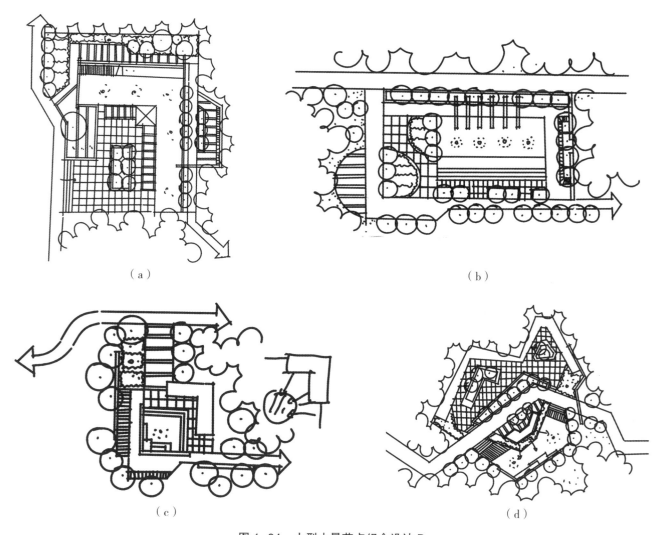

图 1-64 小型水景节点组合设计 D

1.5.2 大型水景设计

1. 大型水景平面设计

1）自然式大型水景平面

内湖平面设计形式有自然式和规则式。对于较大的水面而言，自然式的形态变化多、适应性强，生态效益和景观效益较好，因此应用更为广泛。在水面的开合、收放、宽窄以及岸线形式的设计中，可借鉴、模仿或者复刻纯自然湖泊形式和空间尺度规律（图 1-65）。

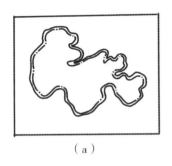 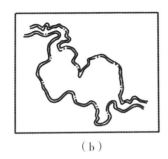 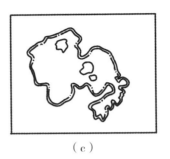 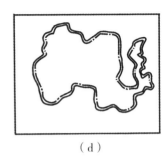

图 1-65　自然式大型水景设计平面

2）规则式大型水景平面

大水景或超大水景的设计多数是自然式边界，但也可以结合设计主题和设计创意使用规则式。大型规则式水景形态一般为圆形、矩形等，也可适当加入曲线元素（图 1-66）。

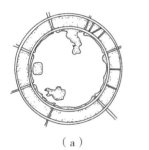 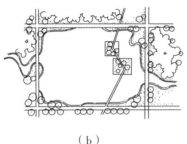 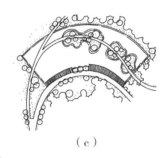

图 1-66　规则式大型水景设计平面

（a）正圆形湖面设计，图为上海滴水湖平面；（b）矩形网格中的类矩形湖泊设计；（c）结合几何曲线空间结构营造的扇形湖面

注：规则式大型水景设计中，其规则性是相对而言的。总体的构图可以参照几何图形进行设计，如圆形、正方形等，但细节之处可酌情增加自然式线条元素。

2. 大型水景水岸细节

1）湖岸的曲度变化

湖岸可以做成直线式也可以做成曲线式。直线式湖岸显得简洁明快，能够营造出宽阔感，与大尺度水面相适应；也可以将湖岸做成较大的曲线或结合岛屿进行设计，有利于营造更加丰富的空间形式（图 1-67）。

2）岛屿

岛屿在水面上可以起到点缀空间、分隔水面空间、阻挡视野、削弱水对湖岸的直接冲刷以及发挥生态功能的作用。岛屿还可以与水面的亲水步道、景观桥梁相结合，通过亲水步道与桥梁将孤立的岛屿或岛群串联起来（图 1-68）。

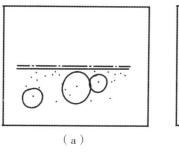 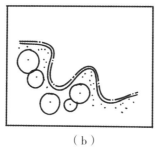 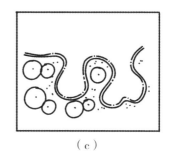 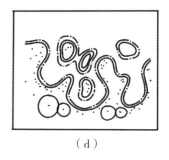

图 1-67 湖岸的形态变化

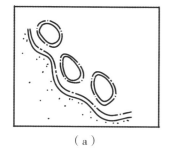 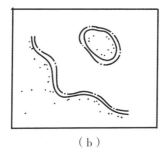 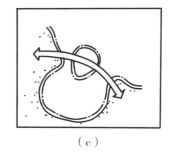 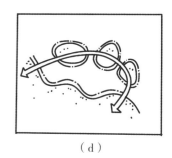

图 1-68 岛屿及其相关要素的设计

3. 驳岸设计

1）驳岸类型

水景驳岸是在水体边缘与陆地交界处，为了稳定岸壁、保护湖岸不被冲刷或水淹而进行的特殊工程设计。常见的驳岸形式包括植草坡驳岸、散置山石驳岸、石砌驳岸、混凝土挡墙式驳岸、分级式观景驳岸等（图1-69）。

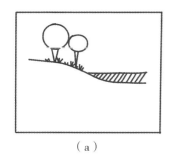 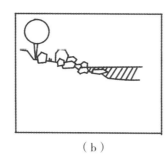 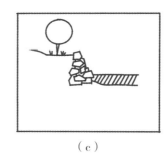 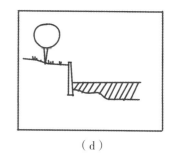

图 1-69 常见驳岸的剖面设计形式

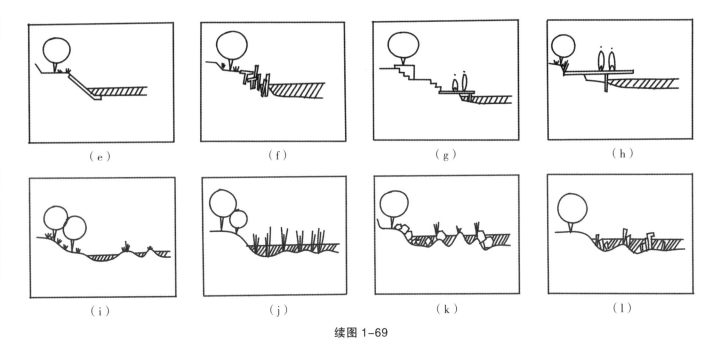

续图 1-69

2）驳岸与水文尺度

水是极具变化特性的景观要素，水位的涨落影响空间的利用方式。我们可以将驳岸水位划分为三类水位线（图 1-70）：最底层为枯水位线（Ⅰ线），中间层为常水位线（Ⅱ线），最高层为丰水位线（Ⅲ线）。三类水位线将驳岸的断面划分为三大区域：枯水位线及以下区域为永久淹没区（C 区），枯水位线与丰水位线之间的驳岸区域为水位变化区（B 区），也就是消落带；丰水位线以上的区域为不受淹没区（A 区）。在驳岸设计中，各类要素布局均应参照水位变化特征进行设计。

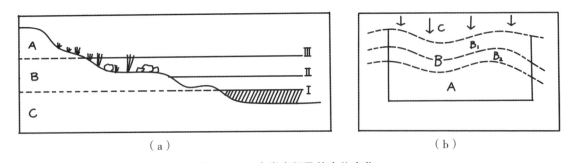

图 1-70 水岸空间及其水位变化

（a）剖面图上的三线和三区；（b）平面图上的三线和三区，与剖面图对应，其中 B 区可细分为 B_1 区和 B_2 区

3)生态护岸

生态护岸在滨水空间当中运用广泛,我们要合理控制滨水区的高度,并注重竖向设计与水文尺度的结合,考虑水位变化及水浪冲击对岸线的影响,同时要考虑水陆生境的营造,创造富有弹性的生态空间(图1-71)。

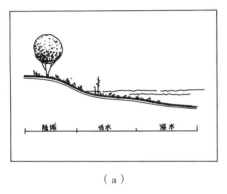 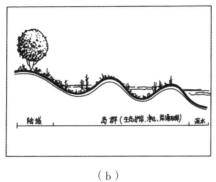 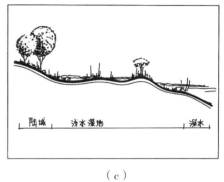

(a) (b) (c)

图1-71 生态护岸的剖面设计

(a)种植缓坡入水;(b)种植缓坡入水配合近岸小岛设计;(c)种植缓坡入水结合近岸浅水湿地设计

水陆交界处不仅具有较高的吸引力,而且还是一个生态敏感地带,是水陆生境相互叠加的区域,经济价值、生态价值高。因此,我们在规划设计中既要考虑人的亲水需要和空间使用需要,还要考虑生态功能的发挥。水陆交界处作为生态交错地带,应尽可能让水陆之间具有一定的过渡性,通过浅水区与深水区设计、岛群结合岸线形态曲折变化保留一个较宽的区域,并将该区域作为应对自然灾害的缓冲区。宽阔的水陆交错带还为一些边缘物种提供栖息地,为生物多样性提供必要的物质空间条件。此外,设计中还需要考虑水浪的侵蚀性,可利用毛石、岛群、浅水湿地进行综合处理,增强水岸的稳定性(图1-72)。

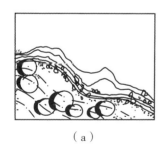 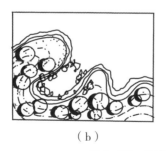  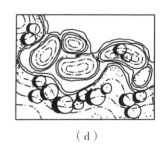

(a) (b) (c) (d)

图1-72 生态护岸的平面设计

(a)通过水陆植物种植缓慢过渡;(b)通过增加岸线曲折增加过渡性;(c)硬质边界模糊化处理增强过渡性;(d)通过岛群的配合增加过渡性

4. 大型水景设计案例

此处大型水景指的是人工设计新增的内湖或结合现状改扩建的内湖。内湖水景的设计需要把握好水面的开合关系，形成一定的空间对比。若场地内部存有现状水面，在优化设计中可以适当调整岸线形态，使其具有一定的形态变化。依据水面的开合关系组织节点，在水面较开阔的水岸布置主要节点，在较为狭窄的水面可架设景观桥梁，若水面视野较广，节点间视线干扰大，可增设岛屿进行空间点缀与分隔。岛屿在水景设计中可以起到点缀空间、引导视觉焦点或者阻挡视线的作用，在生态方面还可以提供一个不受外围环境干扰的动植物栖息地（图1-73、图1-74）。

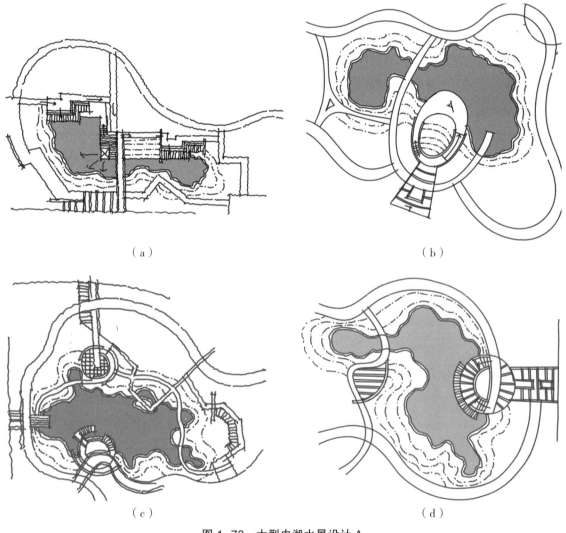

图 1-73 大型内湖水景设计 A

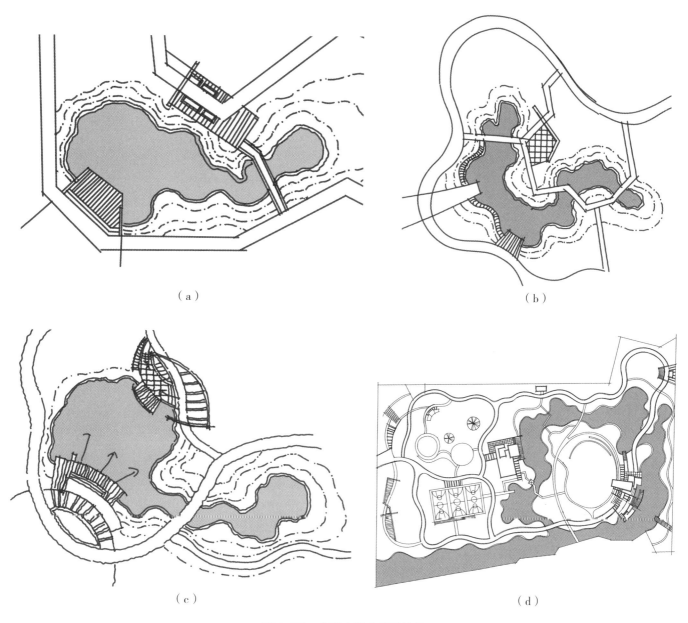

图 1-74 大型内湖水景设计 B

1.6 台阶、坡道设计图解

1.6.1 台阶设计

1. 台阶的平面与剖面

1）台阶的平面设计

台阶的平面形式包括直线式、折线式、弧线式和曲线式。在设计中应结合场地地形、空间结构形态、流线走向进行形式选择（图1-75）。

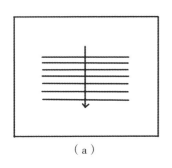 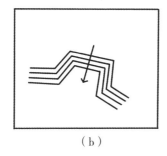 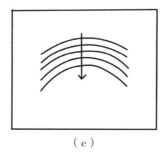 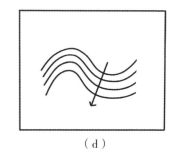

（a）　　　　　　　　（b）　　　　　　　　（c）　　　　　　　　（d）

图1-75　台阶的平面形式

除了以上几种基本形式，景观台阶可以有更多的变化，平面形式也更为自由，这与建筑中使用的楼梯、建筑出入口前的台阶有很大区别。景观台阶在平面设计上除了线形形式可以变化，台阶踏面的宽度也可以结合造景的需要以及地形的变化来设计（通行专用台阶除外）。用于日常行走的台阶，其踏面宽度需要按照标准宽度进行设计；在人流较少、行走较慢的观赏空间中，可以将踏面设计成较宽的区域，用于满足游人停留、休息、观景的需要；宽阔的踏面也可以结合其他景观要素进行空间再塑造、再细化（图1-76）。

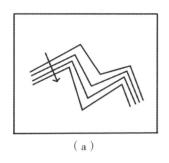 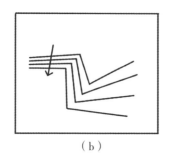 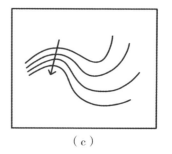 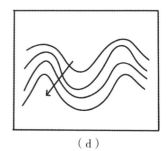

（a）　　　　　　　　（b）　　　　　　　　（c）　　　　　　　　（d）

图1-76　台阶的变化形式

2）台阶的纵剖面形式

台阶的核心功能是竖向的通行功能，因此剖面应按人行台阶的基本规范、尺度进行设计［图1-77（a）］；除了通行功能，室外的一些台阶还可以作为游人休息、观看演出、看景的座椅设施，这类台阶往往尺度较大，应该满足人的坐姿需求［图1-77（b）］；当有些台阶既要有通行的功能，又要形成座椅用于观赏时，可以将台阶设计成大小镶嵌的模式，在固定人行流线上按照游人行走的尺度进行设计，在非行走的区域设计成观演座椅，一般大台阶的高宽尺度正好是小台阶高宽尺度的2倍［图1-77（c）］；为了在有限的空间内提高台阶踏面宽度，也可将台阶的踢面设计成向内倾斜的模式［图1-77（d）］。

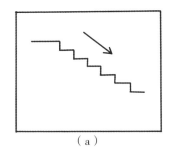 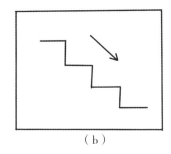 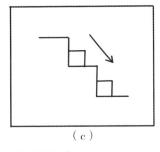 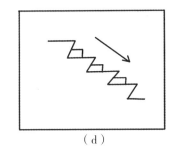

（a） （b） （c） （d）

图1-77 台阶的纵剖面形式

2. 台阶尺度与流线

1）台阶尺度

台阶的尺度涉及踏面宽度、踢面高度、台阶段的宽度、台阶数量等方面。正常的用于行走的台阶踏面宽度为300～400mm［图1-78（a）］；踢面高度为150～170mm，儿童及老年人活动区台阶踢面高度可酌情降低［图1-78（b）］；台阶段的宽度通常需要考虑人流量，结合人流量换算成人流股数来确定，在实际设计中可以结合台阶所在的园路等级来确定［图1-78（c）］，如台阶所在的园路为一级园路，那么台阶的宽度就按照一级园路的宽度来设置或略大于一级园路的宽度；台阶数量一般不少于2级，连续台阶数量不超过10级，超过10级应增设休息平台［图1-78（d）］。

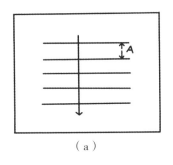 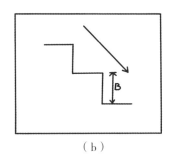 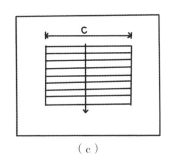 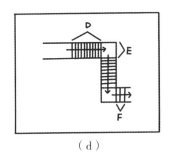

（a） （b） （c） （d）

图1-78 台阶的尺度

2）台阶与人行流线的关系

台阶的形态变化可以有效引导人流行走方向。人流行走方向控制可以分为人流的疏散和人流的聚拢两类。折线台阶通过不同台阶段的转折，可以将人流引导至相应的空间；曲线向内的台阶可以起到聚拢人流的作用，曲线向外的台阶可以起到疏散人流的作用（图1-79）。

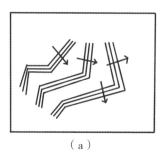　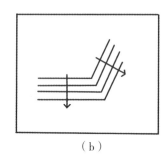　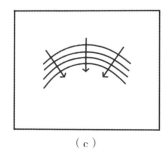　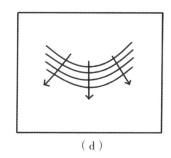

（a）　　　　　　　　　（b）　　　　　　　　　（c）　　　　　　　　　（d）

图1-79　台阶与人行流线的关系

3. 台阶与其他景观要素结合设计

场地中的台阶往往不单独进行设计，而需要与其他景观要素结合共同营造空间景观。

1）台阶与种植池相结合

将种植池镶嵌在台阶上（图1-80），此时需要注意流线不能被种植空间阻挡，不能影响正常的通行功能。种植池的形态可以结合场地主题元素、基本形式来确定。

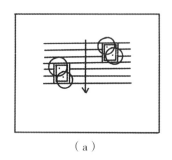　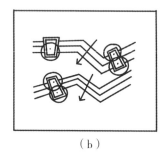　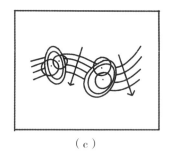　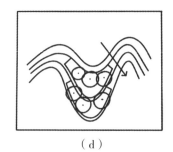

（a）　　　　　　　　　（b）　　　　　　　　　（c）　　　　　　　　　（d）

图1-80　台阶与种植池相结合

2）台阶与小型水景相结合

将小型水景镶嵌在台阶上，增加场地趣味性和丰富感，这类小水景一般设计成动态水景，如叠水、喷泉等形式，能够有效活跃空间氛围（图1-81）。

3）台阶与景观亭廊相结合

台阶还可以结合景观亭廊来设计，亭廊的形式、风格应与台阶形态、场地主题元素或基本形式相结合（图1-82）。

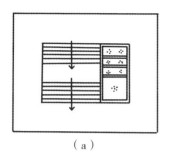 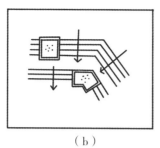 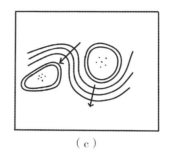 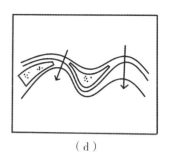

(a)　　　　　　　　　(b)　　　　　　　　　(c)　　　　　　　　　(d)

图 1-81　台阶与小型水景相结合

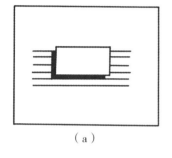 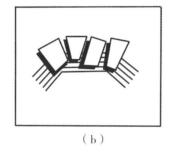 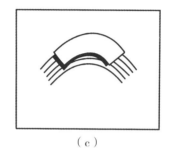 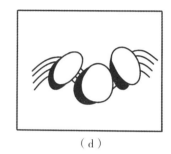

(a)　　　　　　　　　(b)　　　　　　　　　(c)　　　　　　　　　(d)

图 1-82　台阶与景观亭廊相结合

1.6.2　坡道设计

1. 坡道平面、剖面设计及尺度

1）坡道平面设计

坡道是解决竖向交通问题的另一种方式，一般应用于竖向高差比较小或需要提供无障碍竖向交通的流线上。坡道的平面形态一般为直线或几何曲线（设计中需要注意曲度，不能转弯过急）。坡道可单独设置，也可以结合台阶进行设计，使得竖向流线同时具备台阶和坡道两种功能。坡度较大的场地如需要设计坡道，可以将坡道设计成"之"字形转折或平行双跑折返式（图 1-83）。

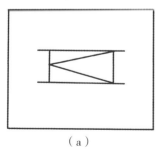 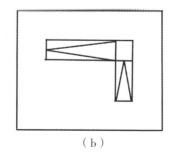 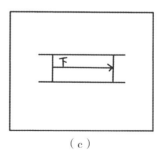 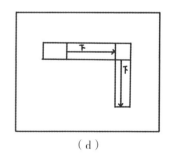

(a)　　　　　　　　　(b)　　　　　　　　　(c)　　　　　　　　　(d)

图 1-83　坡道平面设计

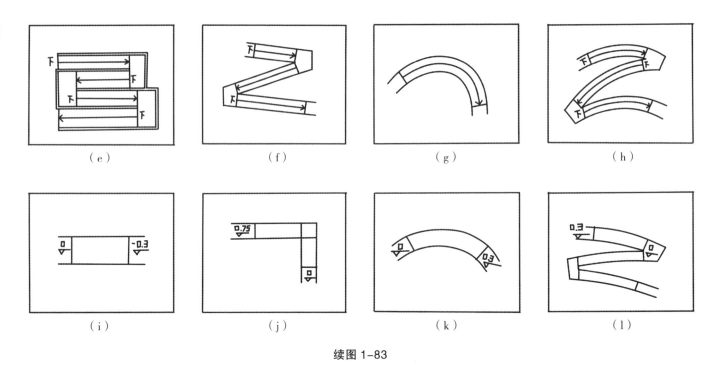

续图 1-83

2）坡道的纵剖面及尺度

非山地区域主路、次路纵坡坡度宜小于 8%，同一纵坡的坡长不宜大于 200 m；山地区域的主路、次路纵坡坡度应小于 12%，超过 12% 的应做防滑处理；支路、小路的纵坡坡度宜小于 18%，纵坡坡度超过 15% 的应作防滑处理，纵坡坡度超过 18% 的宜设计为梯道；与广场连接的坡度较大的道路，连接处应设置纵坡小于或等于 2% 的缓坡段；长坡道宜增设休息平台（图 1-84）。

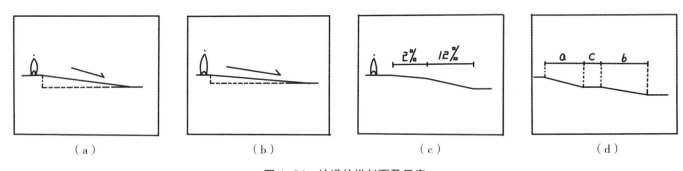

图 1-84 坡道的纵剖面及尺度

（a）山地区域主路、次路纵坡坡度应小于 12%；（b）非山地区域主路、次路纵坡坡度小于 8%；（c）广场衔接处应设置纵坡坡度小于或等于 2% 的缓坡；（d）长坡道增设休息平台

2. 坡道设计案例

坡道设计手法、形式以及尺度的选择应考虑场地高差、人流通行量、地形变化等因素，还需要符合相关设计规范的要求（图1-85）。

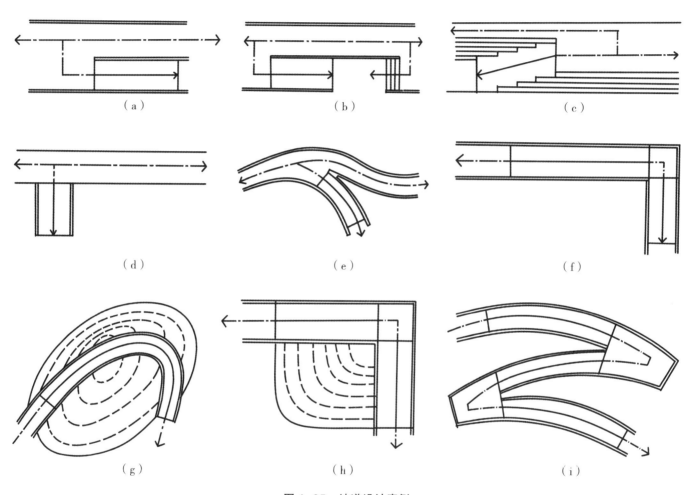

图1-85 坡道设计案例

（a）坡道与道路平行设置；（b）坡道与台阶搭配设置；（c）台阶与坡道组合设计；（d）坡道与道路垂直设置；（e）曲线道路与曲线坡道；（f）直线转折坡道；（g）架空坡道与地形的结合设计；（h）坡道的转折设计与地形相结合；（i）"乡"字形上山坡道设计

1.7 景观设施设计图解

1.7.1 种植池设计

1. 种植池设计的功能、形式及分类

1）种植池的概念与功能

种植池是用来种植景观植物的设施,包括乔木树池、灌木种植池、草花种植池等。种植池一般内嵌于硬质铺装之中,其平面设计需要考虑形态、尺度大小(平面尺度、竖向高度等)以及与其他功能的配合关系。

2）种植池的平面形式

种植池形式的选择需要考虑空间结构形态、空间风格、主题元素形式等内容。常见的形式有矩形以及以矩形为基本型的其他变形形态、不规则多边形;圆形以及以圆形为基本型的设计形态;曲线形态。除此以外还可以通过利用基本型的切割、重组而创造新的形式(图1-86)。

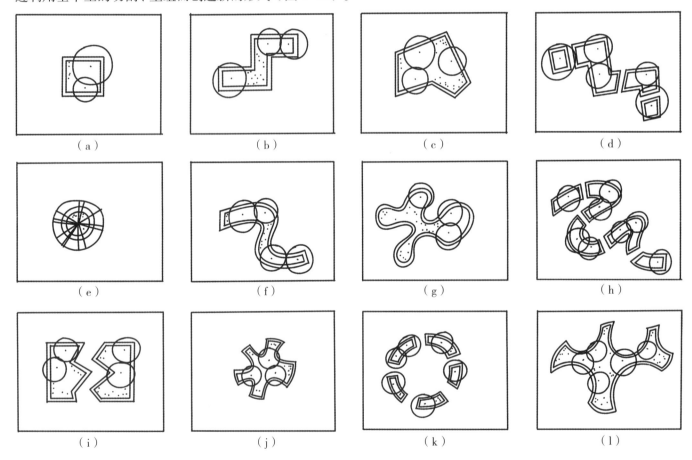

图1-86 种植池的平面形式

3）种植池的竖向分类

种植池的竖向变化可以分为两大类：第一类是凸于硬化地面的种植池，这类种植池高于地面，结合功能需要设定相应的竖向高度［图1-87（a）］，通常可以结合座椅进行设计；另一类是凹于硬化地面的种植池［图1-87（b）］，这类种植池低于地面。此外也有两者相结合的形式［图1-87（c）、图1-87（d）］。

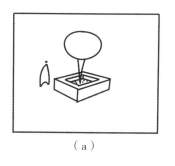 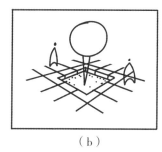 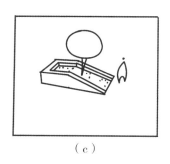 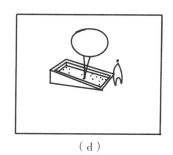

（a）　　　　　　　（b）　　　　　　　（c）　　　　　　　（d）

图1-87　种植池的竖向变化

2. 种植池与多种景观要素的结合设计

1）种植池与景观坐凳、座椅的结合设计

种植池可以与景观坐凳、座椅进行结合设计（图1-88）。种植池尤其是大型乔木的树池，能够提供天然覆盖空间，具有较好的私密性和遮阳功能，能够提高空间使用率。在具体的设计中，种植池与座椅相结合要注意坐凳布局的位置、座位数等问题。

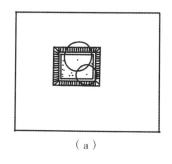 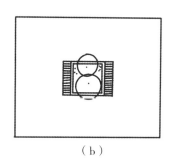 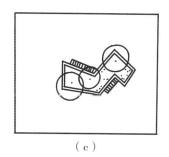 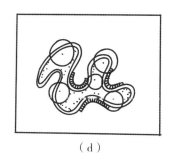

（a）　　　　　　　（b）　　　　　　　（c）　　　　　　　（d）

图1-88　种植池与景观坐凳、座椅的结合设计

2）种植池与景墙的结合设计

景墙具有较好的空间划分和装饰的功能。种植池与景墙相结合可强化空间围合感，起到装饰点缀、分隔空间、阻挡视线、展示文化的作用（图1-89）。景墙的形式随种植池的形态变化而变化，尽量使两类要素形态相近，有

利于保持形式语言的统一性。

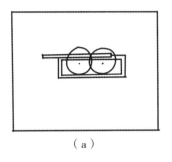 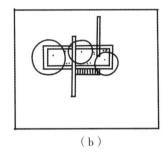 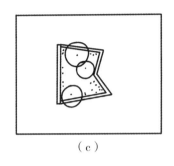 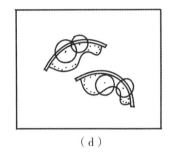

图1-89　种植池与景墙的结合设计

3）种植池与台阶的结合设计

台阶作为硬化空间也需要绿色点缀，将种植池镶嵌在其中，能够起到很好的空间分隔、空间点缀的作用（图1-90）。另外，通过种植池的镶嵌，可以有效组织、疏散人流。但需要注意嵌入种植池不能阻挡流线空间，在设计前需要提前规划流线线路，在非流线空间区域设计嵌入种植池。

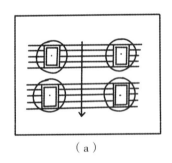 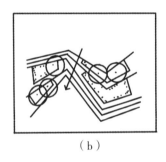 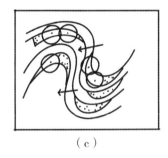 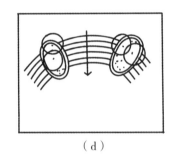

图1-90　种植池与台阶的结合设计

4）种植池与铺装的结合设计

结合铺装的形式来设计种植池，此时的铺装线条构成的平面网格能够为种植池的设计提供灵感，正方形网格可以结合正方形树池进行组合设计，曲线网格可以结合曲线树池进行设计，这种组合的设计方式能够让空间的形式更为统一，视觉的整体感更强（图1-91）。

5）种植池与小地形的结合设计

小地形的设计，尤其是几何堆坡这类高度几何化、规则化的地形营造，可以与树池相结合（图1-92）。在这类种植池内，地形一般具有坡度变化，可结合造景需要营造出一个适宜的坡度。

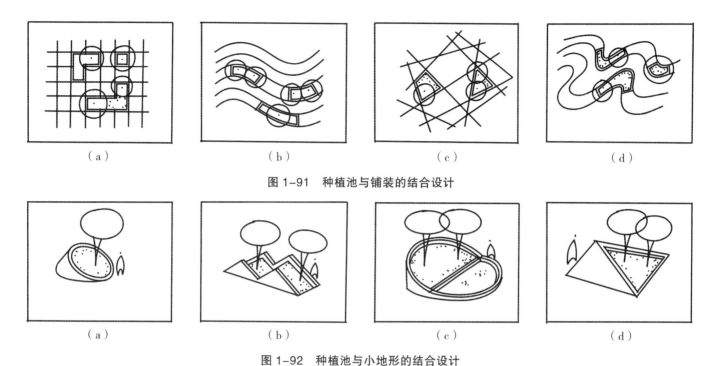

图1-91 种植池与铺装的结合设计

图1-92 种植池与小地形的结合设计

6）种植池与水景的结合设计。

种植池可以镶嵌于水景之中，结合滨水亲水广场，在视野前方镶嵌若干树池（或草花池）于水面之中，增加视觉层次；也可以结合驳岸及流线形态设计若干种植池，丰富驳岸景观，同时可以减少水流、水浪对驳岸的冲击与侵蚀。在小型水景节点上，也可以点缀若干种植池，增加水面景观层次，对水面空间进行分隔围合，改善水面空间视觉体验（图1-93）。

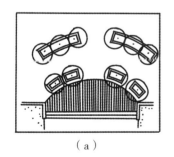
（a）

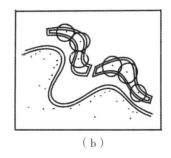
（b）

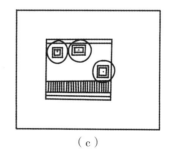
（c）

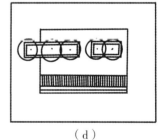
（d）

图1-93 种植池与水景的结合设计

7）绿岛斑块

树池（包括乔木树池、灌木种植池、花池等）内嵌在硬质铺装中，能够形成岛状的绿色空间。随着种植池面积的增加，绿岛内部可以增加更多设计，如更丰富的种植群落、更具趣味性的雕塑，并结合更多的景观要素进行组合设计等（图1-94）。

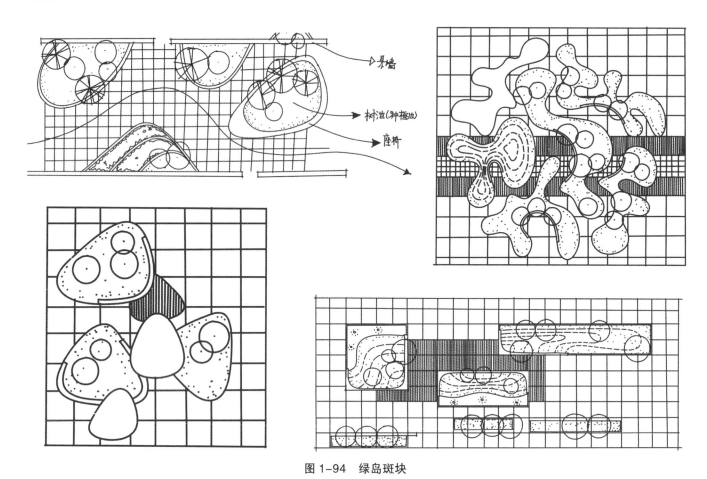

图1-94 绿岛斑块

8）种植池设计案例

种植池设计中，其形态可以是简单的圆形、矩形、扇形或不规则形态，一般结合场地结构形态、铺装形态、主题元素形态进行设计；尺度一般需要考虑种植对象，比如植株大小、覆盖面积等，比如乔木树池需要考虑乔木根茎大小、树冠大小与树池比例，灌木花卉需要考虑最佳的观赏面积、与硬质空间的比例关系等；功能配合方面，树池的主体功能是种植功能，在硬质空间中挖掘出种植空间，其功能还可以进一步延伸，比如与景墙的结合设计、与水池的结合设计以及与坐凳、座椅的结合设计等（图1-95）。

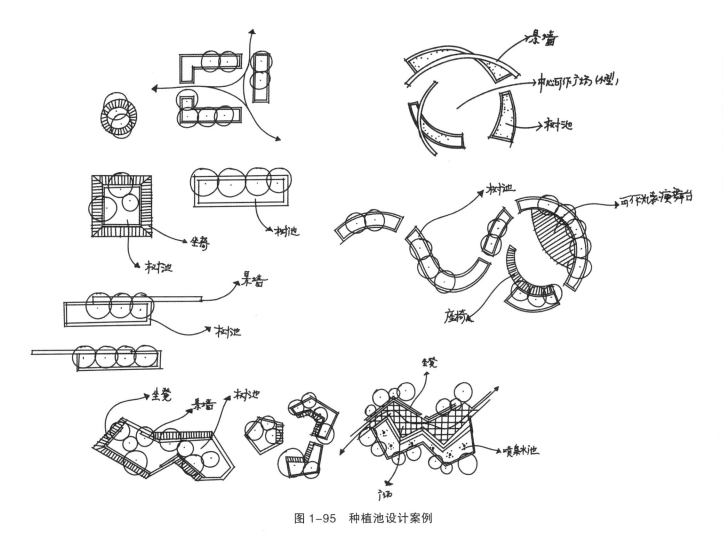

图 1-95 种植池设计案例

1.7.2 景观亭设计

1. 景观亭平面、立面设计形式

1）平面设计形式

景观亭的平面设计形态富于变化。其形态的选择往往需要考虑场地风格、主题元素、结构路网线形形态、铺装形态、材质特性等因素（图 1-96）。

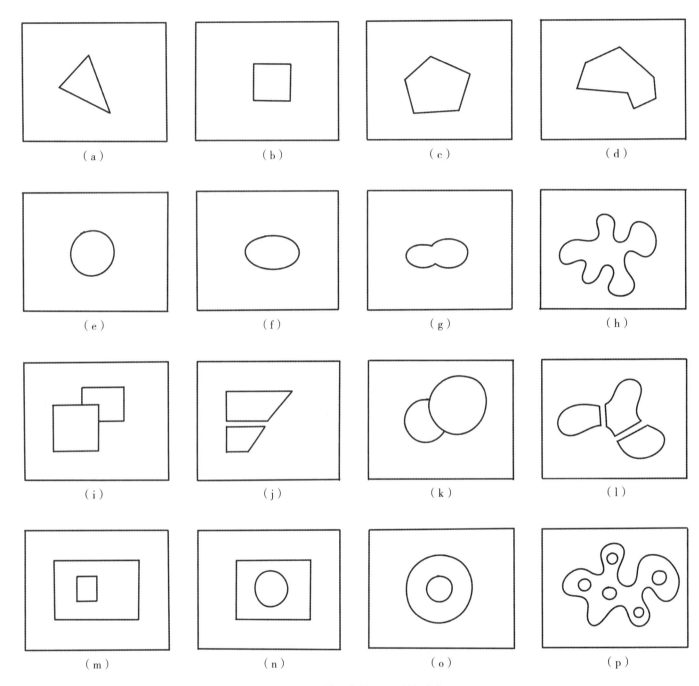

图1-96 景观亭的平面设计形式

2）立面设计形式

景观亭的立面形式变化主要取决于支撑结构、覆盖结构以及装饰构件的形式。同一个平面形式的景观亭可以选择多种立面形式进行设计。以覆盖构件为例，有平顶亭、坡顶亭、膜结构亭、壳形结构亭等（图1-97）。

图1-97 景观亭的立面设计形式

2. 景观亭与多种要素的结合设计

1) 景观亭与种植的结合设计

景观亭可以与种植设计相配合，形成一个整体性的构图（图1-98）。比较大的景观亭可以将中间挖空，形成天井空间，将植物种植在景观亭中心部位；也可以结合景观亭的形态，通过相同、相近或者互补的形式组合成一个完整的构图。

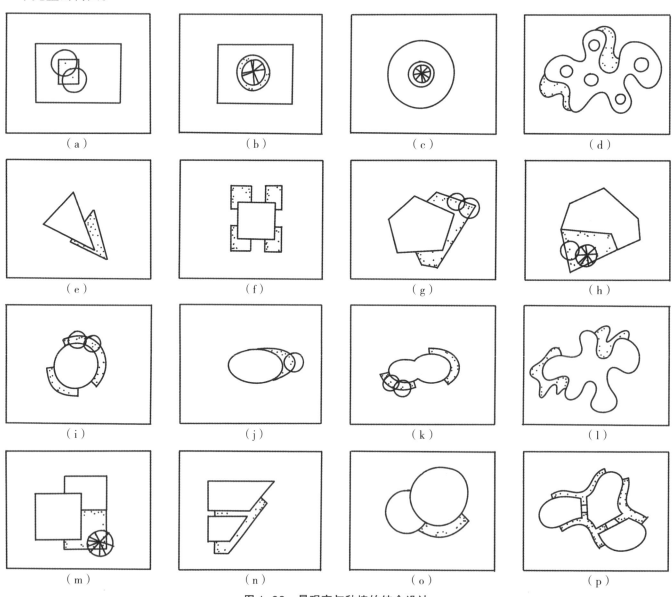

图1-98 景观亭与种植的结合设计

2）景观亭与水景的结合设计

景观亭可以与水景设计相结合，利用相似的形式语言进行重复、嵌套，形成一个形式语言统一、功能不同的空间（图1-99）。两者的结合可以增强空间的吸引力、趣味性和观赏性。水池的形态主要依托景观亭的形式语言，如三角形的景观亭可以利用三角形语言进行设计、圆形可以利用圆曲线语言进行设计等。

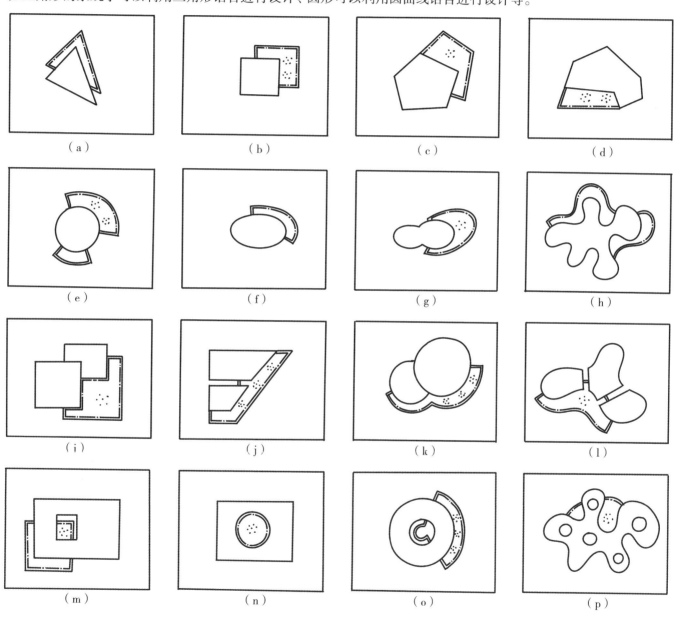

图1-99 景观亭与水景的结合设计

1.7.3 景观廊架设计

1. 廊架的平面与纵断面设计形式

1）廊架的平面设计形式

廊架的平面设计形式按照廊架的线形走向可以分为直线式、曲线式。按照平面的装饰结构可以分为杆件式和挖空式：杆件式指廊架的覆盖构件由横向杆件组成或由横向和竖向杆件组合形成；挖空式指将整个廊架覆盖面按照不同形式的几何图形进行挖空处理（图1-100）。

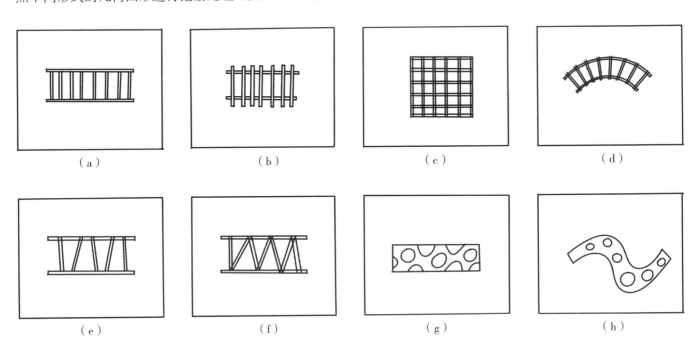

图1-100 廊架的平面设计形式

2）廊架的纵断面设计形式

廊架主要由竖向支撑件和横向覆盖件组成，常见的就是支撑件和覆盖件相互垂直，形成一个传统的矩形门框；也可以将廊架设计成圆弧状，类似于一个半圆形的隧道，这时支撑件与覆盖件是一体成型的整体；廊架每个构架单元可以是平行排列的，也可以是按照一定的韵律和节奏进行排列的，廊架纵断面还可以设计成不规则多边形（图1-101）。

单支撑构件廊架只有一侧有支撑杆，可以是直立支撑、斜撑、中间型支撑或圆弧形支撑结构（图1-102）。

2. 廊架与其他要素的结合设计

廊架通常可以与种植、水景、地形、景观亭等要素两两组合或多个要素结合进行设计（图1-103）。

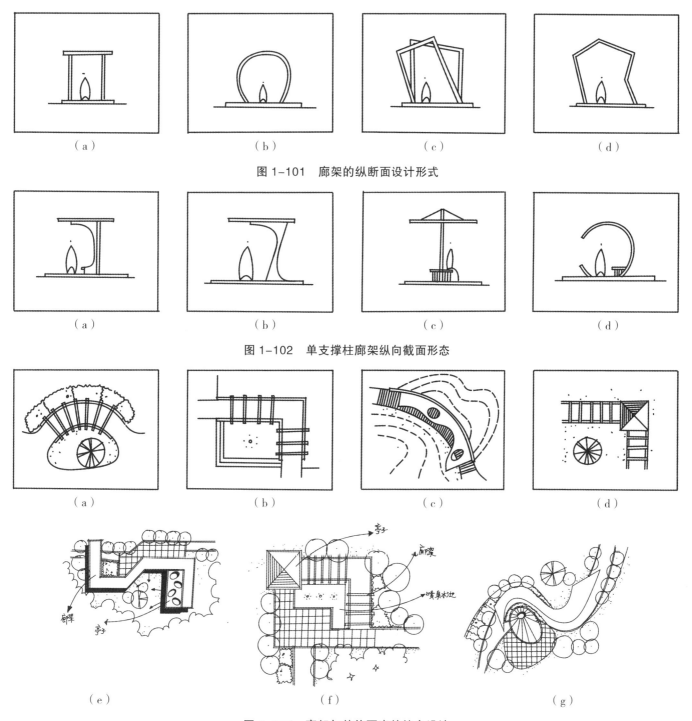

图 1-101 廊架的纵断面设计形式

图 1-102 单支撑柱廊架纵向截面形态

图 1-103 廊架与其他要素的结合设计

1.7.4 景墙设计

1. 景墙的功能与形式

1）景墙的功能

景墙可以起到划分空间、分隔空间的作用，通过景墙的排列、组合可以将空间划分成不同的尺度［图1-104（a）］；景墙可以遮挡视线，场地中一些需要遮挡的区域可以利用景墙进行视线控制［图1-104（b）］；景墙具有背景作用，通常可作为雕塑、特色种植景观的背景，利用景墙背景可以将视觉对象凸显出来［图1-104（c）］；景墙具有造景、文化宣传的功能，可以结合景墙设计雕塑、标语、标志等具有文化性的符号元素［图1-104（d）］。

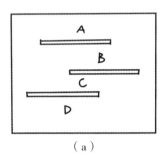 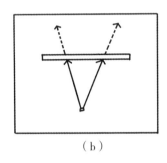 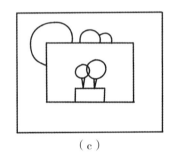 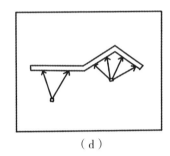

（a）　　　　　　　（b）　　　　　　　（c）　　　　　　　（d）

图1-104　景墙的功能

2）景墙的平面形式

景墙的平面形式有直线式、折线式、弧线式、曲线式等。在设计中选择何种形式应结合场地整体设计语言而定，景墙作为局部的设计要素应与场地的整体结构形态保持协调（图1-105）。

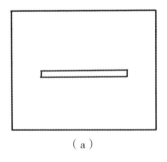 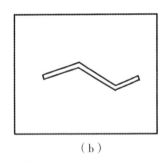 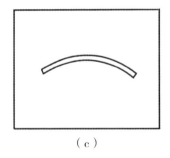 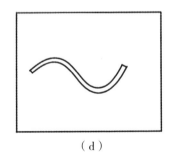

（a）　　　　　　　（b）　　　　　　　（c）　　　　　　　（d）

图1-105　景墙的平面形式

3）景墙的立面形式

景墙的立面主要表现墙体的竖向变化、墙体结构、墙体装饰、材质肌理以及凹凸变化等。立面可以设计成单一的直线式墙体，也可以设计成多次转折的直线式墙体，墙体的高度保持不变。还可以将墙体的高度做成起伏变化的形式，包括折线变化和曲线变化两种，具体选用何种形式，应结合场地整体设计语言或基本形式来确定。当墙体跨过园路或者需要游人通过墙体时，可以在墙体内部开挖门洞，门洞的形式有矩形、不规则多边形、圆形或其他形式，具体选择何种形式也应考虑场地整体结构形态或风格；除了开挖门洞，也可以开挖窗洞，形成漏景或者框景（图1-106）。

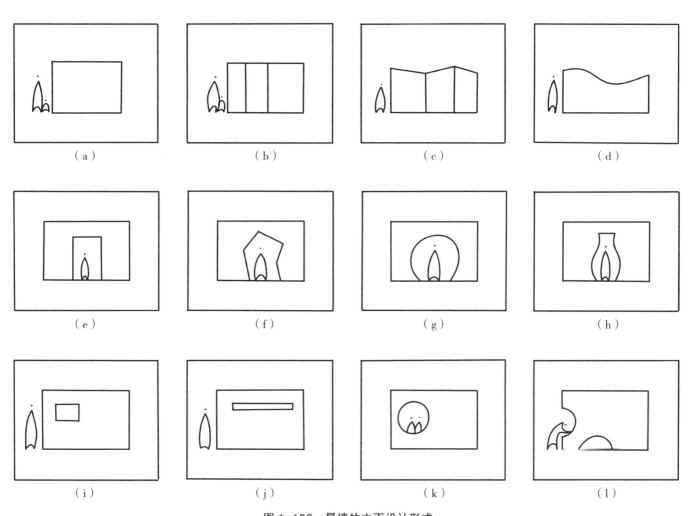

图1-106 景墙的立面设计形式

在方案设计中景墙可以单一设计，也可以多个景墙组合设计（图1-107）。

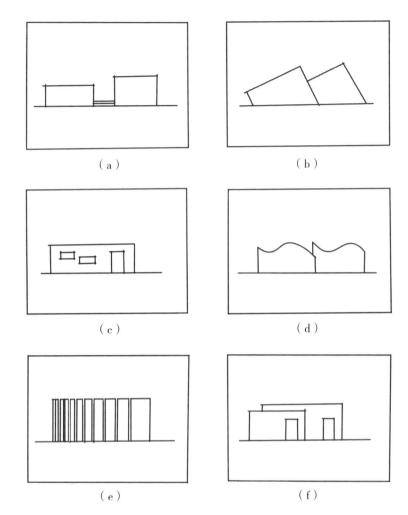

图 1-107 景墙的组合设计

2. 景墙与其他相关要素的结合设计

1) 景墙与室外座椅的结合设计

室外座椅可以结合景墙进行设计,根据座椅的尺度(一般指座椅的长度,也可以按照可以坐下的人数来计算)、朝向、私密性等级等来确定设计方式。如需要有较好的私密性,可以将景墙作为分隔要素,将座椅布置在墙体两侧,两侧人群互不对视;也可以选择最佳的观赏面进行座椅布置,使得游人可以坐下观赏景色。多人座椅可以将座椅的长度增加,或做成圆弧状,便于多人交流(图1-108)。

景墙也可以结合座椅进行创意设计。将景墙设计成高低不同的部分,较低矮的区域可以供游人休息,此时,景墙的低矮处应符合正常的座椅高度；也可以将景墙设计成开孔的形式，圆形或者矩形开孔，同样可以满足游人坐下休息的需求，同时可以形成框景，也可以提高空间吸引力，吸引游人参与其中，如供游人休息、观景、拍照等（图 1-109）。

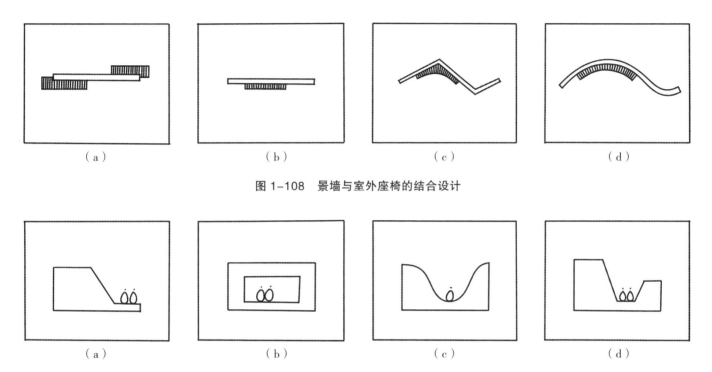

图 1-108　景墙与室外座椅的结合设计

图 1-109　景墙结合座椅的创意设计

2）景墙与种植池的结合设计

景墙作为硬质要素，与树木、花草相结合能够起到很好的调和作用，相互搭配，相映成趣（图 1-110）。

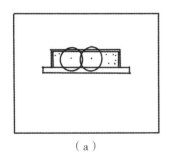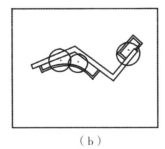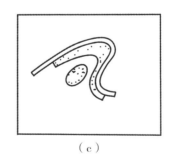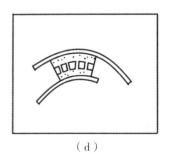

图 1-110　景墙与种植池的结合设计

3）景墙与水景的结合设计

景墙与水景的结合设计可以起到相互点缀的作用，墙体可以分隔水面空间，也可以作为背景，用来控制观赏视线，还可以作为跌水的重要装置（图1-111）。

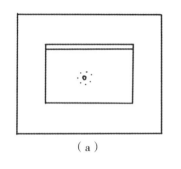 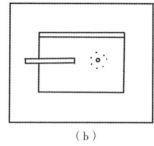 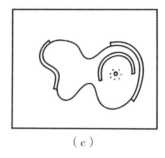 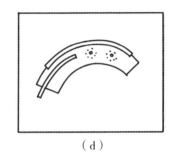

（a）　　　　　　　　（b）　　　　　　　　（c）　　　　　　　　（d）

图1-111　景墙与水景的结合设计

4）景墙与台阶、坡道的结合设计

景墙与台阶、坡道的结合设计如图1-112所示。

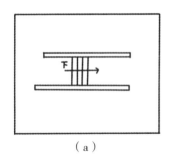 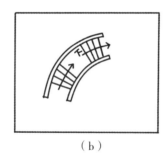 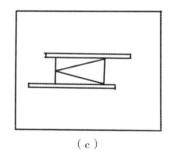 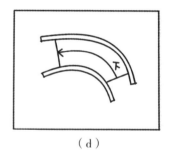

（a）　　　　　　　　（b）　　　　　　　　（c）　　　　　　　　（d）

图1-112　景墙与台阶、坡道的结合设计

5）景墙参与下的流线组织

景墙能够有效组织和引导视线。景墙结合小台阶和坡道的设计可以引导流线转折。景墙可以开门洞和窗洞，这为流线和视线的组织创造了更多的趣味性（图1-113）。

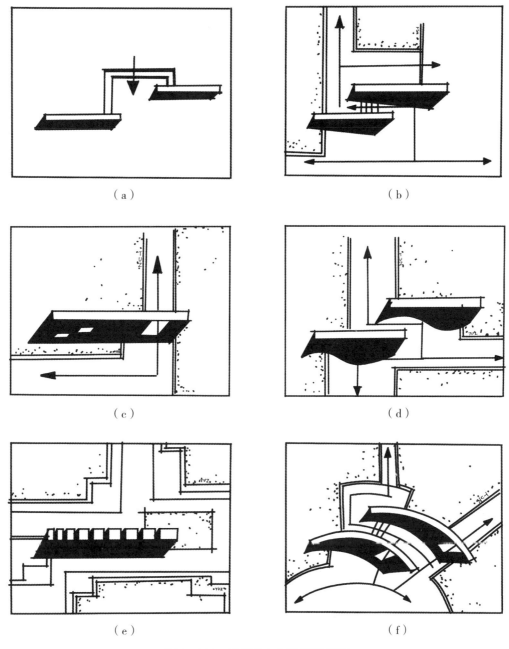

图 1-113 景墙参与下的流线组织

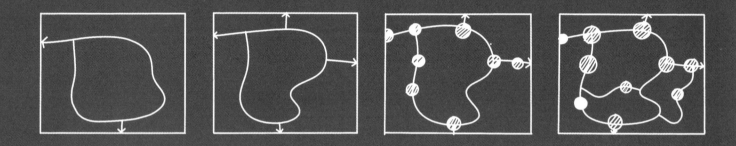

2 风景园林节点布局与设计图解

2.1 节点总体布局与生成图解

2.1.1 节点总体布局

1. 节点布局与园路设计

节点布局和园路设计是两个相互关联、相互影响的过程，节点需要依靠园路来连接，园路需要通过节点来吸引人流。方案的构思通常需要从节点布置和园路的选线设计开始。在方案草图推敲过程中，常用的思路有路网优先模式和节点优先模式两种设计方式。

1）路网优先模式

路网优先模式在方案构思的过程中优先完成路网的选线设计，结合场地现状条件，完成整个场地的路网设计初稿，待路网选线方案初稿明确后再沿着路网布置节点（图2-1），最后进行整体优化调整。

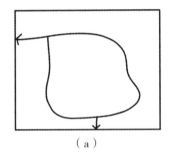 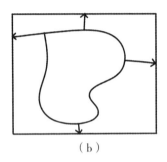 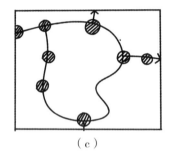 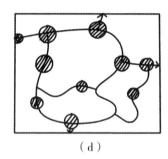

（a） （b） （c） （d）

图2-1 路网优先模式设计思路

2）节点优先模式

该模式优先进行节点布局，对场地内需要保留和设计新增的节点进行定位和定性，即明确各类型节点的空间位置和功能性质，并标记在图纸上，待节点布局初稿完成后再进行路网连接，形成节点-路网初步设计方案（图2-2），最后进行整体优化调整。

以上两种设计模式都是建立在前期分析基础上进行的。具体采用何种形式，要结合场地现状进行选择。首先，可将节点分为两类，一类是原有节点，如场地现状保留的树、亭、塔、构筑物等；第二类是规划设计新增节点，是方案设计中结合功能需要新增加的节点（景点）。如果场地现状没有保留节点，路网优先模式与节点优先模式均可采用。如果场地内有较多的保留节点，可采用节点优先模式，结合既有节点的空间关系和数量配置，增加新节点，完成节点布局初稿，在此基础上再进行路网规划。方案设计实践中，往往不是纯粹只采用某一模式进行设计，而是两者相结合。如路网优先模式，在路网初稿设计完成后，要进行节点布局，通过节点布局验证路网设计合理性并兼顾多方面进行相互调整。

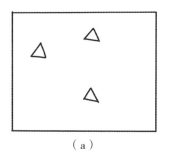 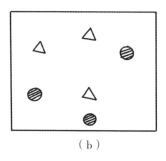 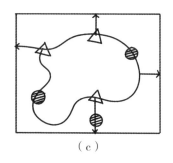 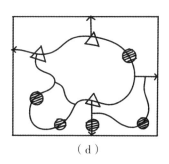

图 2-2　节点优先模式设计思路

注：△—现状保留节点，●—规划设计新增节点。

2. 节点布局与视线、轴线、序列的关系

节点布局具有较强的空间逻辑，它不是任意的、随机的布置。这里的逻辑关系主要考虑视线、轴线和序列三大布局逻辑。

1）基于视线关系的节点布局

结合视线，可以创造对景，两个节点（景点）对立布置，通常会结合草坪、水面进行布局设计。将草坪、水面设计成适宜的大小，以控制两节点间的视觉距离［图 2-3（a）、图 2-3（b）］。

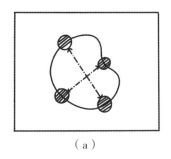 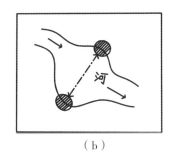 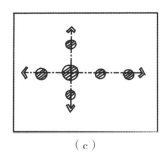 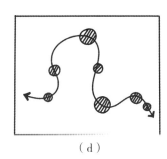

图 2-3　节点布局中的视线、轴线及序列关系

2）基于轴线关系的节点布局

景观轴线分为主轴线和次轴线。主轴线是指在一个场地中把主要节点、次要节点串联起来的一条抽象的直线，而次轴线则是另一条辅助直线，用于把各个独立的相对次要的节点以某种关系串联起来，确保方案在整体上不散，起到骨架支撑的作用。景观轴线被视为一个联结的要素，具有统筹全局的作用。此外，景观轴线不仅在视觉上起到串联景点的作用，还为人们提供了视线的指引，使其沿着轴线的方向可以看到设计师精心布局的空间，

强化了人们在空间中的体验。因此在节点布局中，可以将多个节点按照一定的线性方向连续布局［图2-3（c）］，其中的节点应有主次之分。

3）基于序列关系的节点布局

景观序列是指在园林设计中，通过将节点或空间有序地安排，形成一系列有节奏、有层次的视觉体验。这种设计手法旨在引导游人的视线，增加游览的趣味性和深度。在园林设计中，通过景观序列的精心布局能够创造出一种视觉上的流动感和空间层次感，使游客在游览过程中体验到不同的景观变化，从而提升游览体验的质量。按照一定的故事线、叙事线、流程线等进行线性的节点布局，将空间有序展开［图2-3（d）］，与轴线不同，基于序列关系的这种线形既可以是直线形也可以是任意的其他线形，其更加强调过程的连续性。

2.1.2 节点生成中的基本问题

1. 形式问题

形式形态作为空间的外化表现具有重要的符号功能，能够表达功能含义和内在情感意义。节点按照边界线形可以分为直线形节点和曲线形节点，也可以是直线结合曲线的形式，即中性节点。具体选用何种形式，应结合场地基本形、主题、路网形式综合确定（图2-4）。

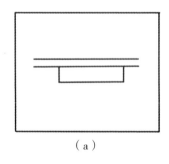
（a）
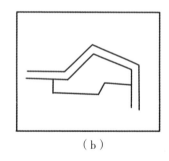
（b）
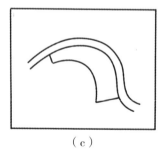
（c）
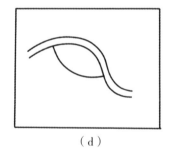
（d）

图2-4 节点的形式

2. 功能问题

节点的功能是节点为其服务者能够提供的实际功效和作用。首先要明确节点的主体功能，如运动功能区、观演功能区等。节点主体功能确定后要明确其内部的细部功能。如运动功能区内部可以细分为器械运动区、老年运动区、球类运动区等。节点功能设计首先要做好功能清单的罗列，分析、归纳各类功能特征，对其进行分类整理，再结合功能气泡图将各类功能安排在节点空间中（图2-5）。

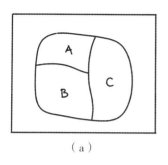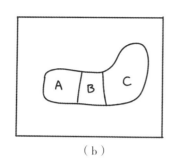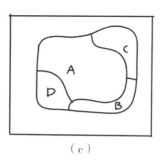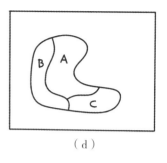

图 2-5 节点的功能问题

注：功能节点内部可以细分为多个功能区，这种分区可以通过铺装、高差以及具体的设施布置来实现。

3. 流线问题

节点的流线问题主要是指串联节点的主要流线与节点内部细部流线的组织问题。设计中应尽量避免主要流线与节点内部小流线之间产生干扰。节点设计属于细化阶段的设计，我们需要依据节点布局中对节点的定位（如主次、动静）来进行节点细部塑造，具体过程包括：

①确定节点形式，如矩形节点［图 2-6（a）］；

②分析并细化内部流线，区分流线主次关系［图 2-6（b）］；

③结合流线细化内部功能区，明确铺装和竖向形式，通过铺装、竖向变化凸显节点内部不同的分区［图 2-6（c）］；

④深化内部细节，如种植细化、设施布置、景墙挡墙的补充等［图 2-6（d）］。

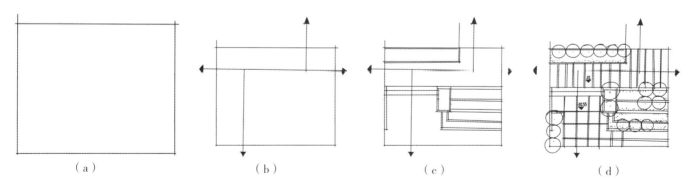

图 2-6 节点的流线

4. 尺度问题

节点的尺度表示节点的空间容量、长宽比例，以及具体的细部尺寸等。在设计中需要考虑：

①节点需要容纳多少人和多少物［图 2-7（a）］，是要满足 500 人集会的场地尺度还是满足 2～3 人活动的场地尺度；

②节点的长宽比例以及具体尺寸，长条形与正方形平面节点功能不同，应结合场地功能需要确定［图 2-7（b）、图 2-7（c）］。

例如露天剧场节点，设计前需要考虑场地需要容纳多少人、物品或设施放置需要多大空间、表演活动场地需要什么比例和尺寸、观赏距离需要多少等因素。对于一些异形的节点，其空间曲折变化，容易出现很多凹角甚至死角，空间利用率低，在设计中应用较少［图 2-7（d）］，但可以结合特殊的功能或需求进行设计。

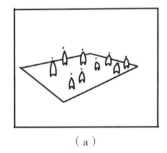 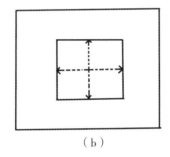 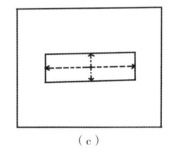 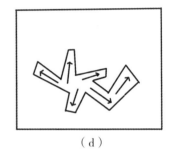

（a） （b） （c） （d）

图 2-7 节点的尺度

2.1.3 节点生成及其案例

1. 基于园路框架的节点生成

在园路上生成节点一般要结合园路自身的形态。可以将节点设置于园路的一侧，也可以将节点设置在园路的两侧，此时园路从节点内部穿过，一般会将园路两侧的空间做成不均等的大小，形成一定的尺度对比，面积大的一侧作为节点的主要空间，面积小的一侧作为节点的次要空间（图 2-8～图 2-12）。

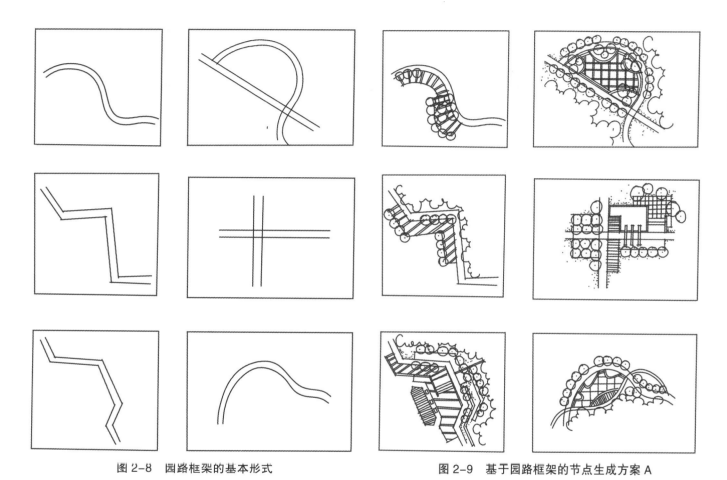

图 2-8 园路框架的基本形式　　图 2-9 基于园路框架的节点生成方案 A

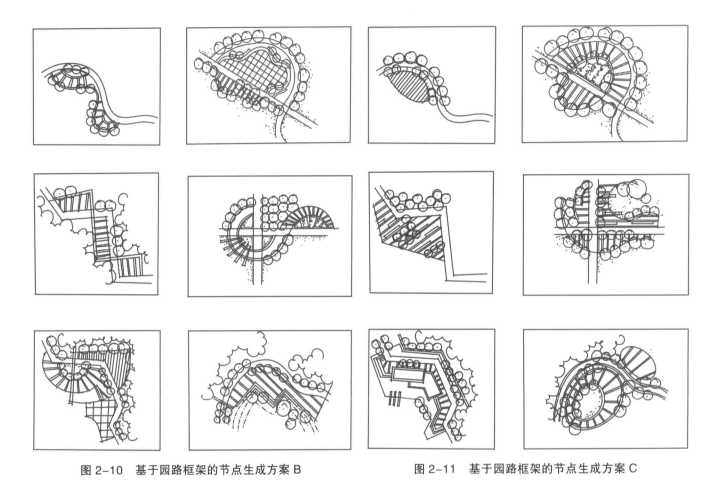

图 2-10 基于园路框架的节点生成方案 B　　　　图 2-11 基于园路框架的节点生成方案 C

在基于园路框架的节点生成方案中,首先对路网的结构形式和节点的位置进行规划,然后根据节点功能、主题确定节点的具体形态和尺度。

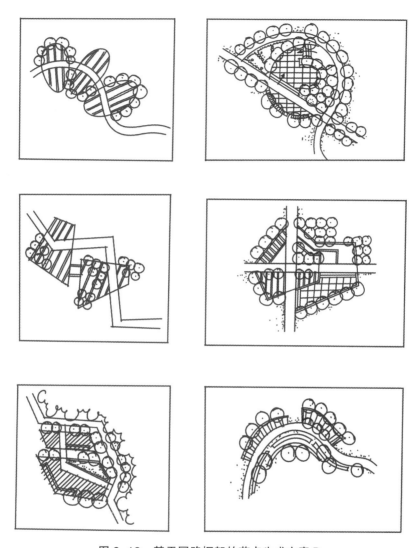

图 2-12　基于园路框架的节点生成方案 D

2. 节点生成案例

结合园路进行节点设计，需要考虑园路形态、节点空间类型及其尺度。在设计中通过多种要素的组合，营造空间氛围（图 2-13～图 2-15）。

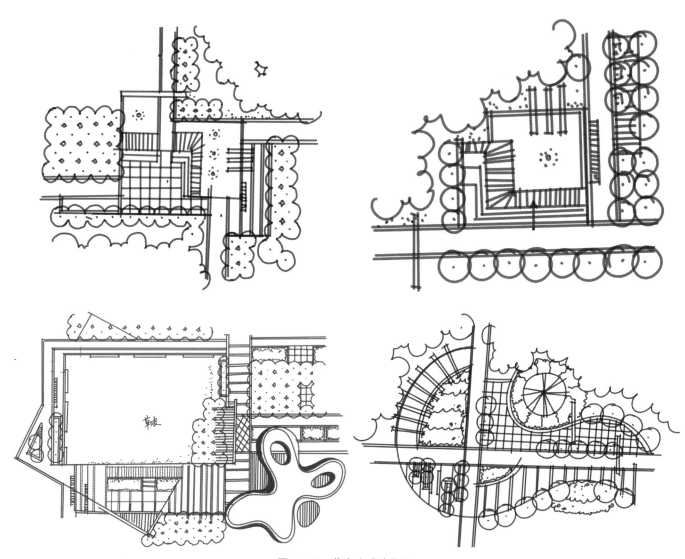

图 2-13 节点生成案例 A

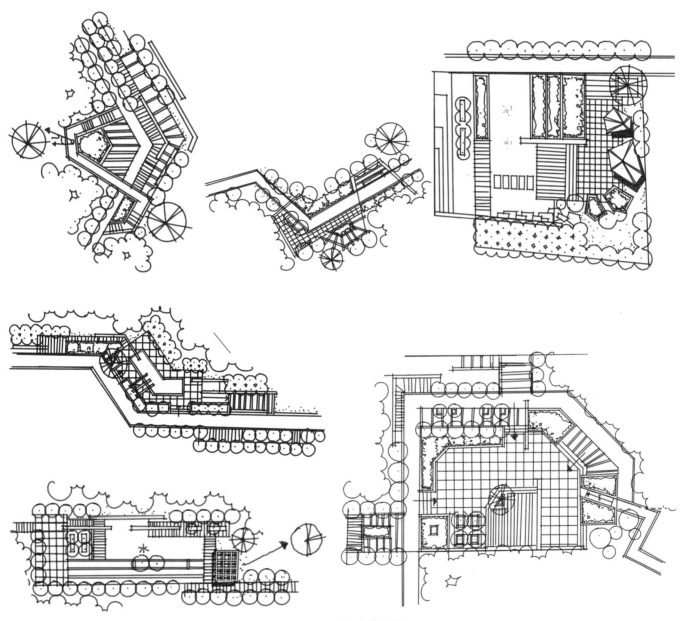

图 2-14　节点生成案例 B

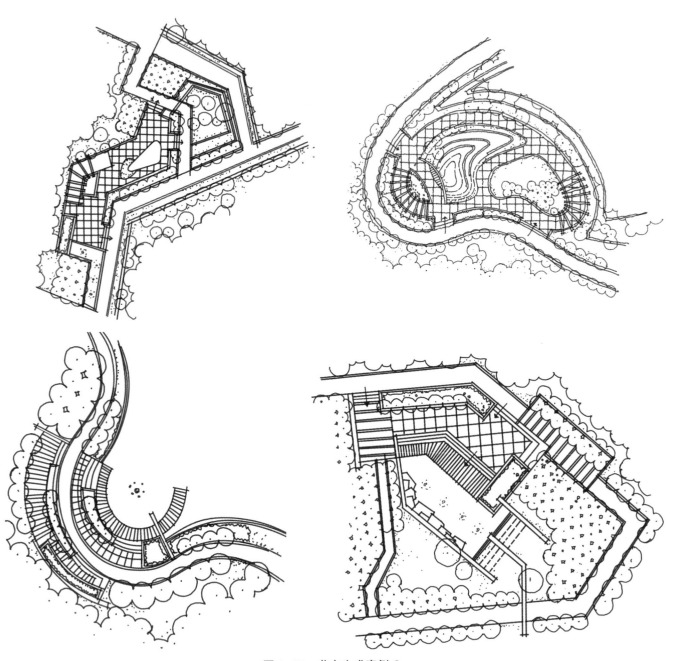

图 2-15 节点生成案例 C

2.2 出入口节点布局与设计图解

2.2.1 出入口功能及其布局

1. 出入口等级与空间功能

1）出入口等级

出入口是游人进入公园（场地）内部的重要通道，是人流汇入、引导与集散的重要场所。出入口按照尺度等级和重要性程度可以分为主出入口和次出入口。

2）出入口空间功能

场地出入口空间按照细分功能的不同，可分为外集散空间、过渡空间、内集散空间、附属硬质活动空间（附属展示空间、附属休息休闲空间等）。

2. 出入口选址

出入口具体的位置选址可以考虑下列因素。

1）基地周边道路现状

一般来说，基地边界与城市道路相邻时应考虑出入口设计。人流来去方向和流量是布局出入口的重要依据。

2）基地周边重要的交通设施

基地周边现状包括是否存在公交站、地铁站等。出入口的位置选择应该考虑附近交通设施带来的人流。同时出入口的位置选择应与邻近的交通场站保持一定的安全距离，防止流线之间产生不必要的干扰。

3）基地周边用地类型

不同用地类型决定了不同的功能以及人的行为。如学校人流量大且集中；居住区人流量大，出入频率高，室外空间使用需求量大，具有较为稳定的人流汇入，在入口选择上应重点考虑，方便居民进入；基地边界外为现状公园的应考虑与现状公园绿地的道路系统（出入口）相衔接。

4）公园（场地）出入口的选择应充分考虑出入的安全性

常见的安全设计缺陷包括出入场地的流线与其他流线（包括车流、物流等）交叉、混行等，因此对于重要的交通场站、过街天桥、下穿隧道，应考虑人流汇入与人流干扰。在城市主次干道交叉口设置出入口应充分考虑人流的集散与安全。

3. 出入口布局规模及设计尺度

1）出入口布局规模

出入口的数量主要取决于场地大小（容量）、场地形态、场地周边人流来向以及人流数量。在没有固定的人流汇入时可考虑按照一定的距离安排主次入口，在具有较为显著人流出入且人流量较大的区域设计主入口，人流较分散的区域设置次入口，在无其他因素干扰下，次入口数量与基地大小有关，一般按照 50～70 m 为尺度参考间隔布置。

2）出入口设计尺度

出入口的主次、人流集散、出入口所接入的园路等级决定了公园出入口的大小，出入口的主要的功能是引导人流出入，除此以外，还会延伸出其他功能及其行为，如集散、空间人流管理、入口形象展示等。出入口的宽度设计需要考虑人流量以及集散需要，通常情况下，应按照紧急情况下最大潜在人流量计算。一般主出入口接入主路，次出入口接入主路或次路，出入口宽度与所接入的园路宽度存在一定的倍数关系（表 2-1），单个出入口的最小宽度通常不应小于 1.5 m。

表 2-1　出入口宽度与园路宽度的关系

	主园路宽度（K_1）	次园路宽度（K_2）	支路/小路宽度（K_3）
主出入口宽度	$1.5K_1 \sim 3K_1$	—	—
次出入口宽度	—	$1.5K_2 \sim 3K_2$	—
最小入口宽度	—	—	≥ 1.5 m 或 $1.5K_3 \sim 3K_3$

2.2.2　出入口设计形式及其设计案例

1. 出入口设计形式

出入口的形式主要与公园整体立意、风格、主题、路网形态有关。出入口是公园的门面，不仅能够对人流起到汇入、引导和集散的作用，也是公园给人的第一印象，还是场地的门面和主题的封面。按照线形形态的不同，出入口的形式可分为直线形和曲线形，按照对称性可分为对称式和非对称式。

1）出入口设计的基本形

出入口设计的基本形有矩形、梯形、三角形、扇形、喇叭形、不规则多边形等（图 2-16）。

2）出入口基本形的细化设计方案

基于出入口的基本形进行空间细化，通过功能区再划分，细化铺装、种植以及竖向设计形成具体的出入口设计方案（图 2-17）。

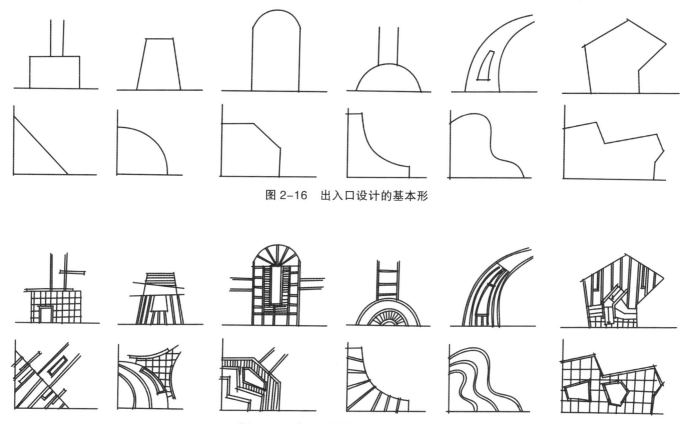

图 2-16 出入口设计的基本形

图 2-17 出入口基本形的细化设计方案

2. 出入口设计案例

出入口设计案例见图 2-18、图 2-19。

图 2-18 出入口设计案例 A

（a）曲线形出入口，出入口附近增加了较大的附属空间，可用于商业区附近；（b）直线形出入口，结合了邻街硬质休闲空间进行设计，可应用于商业空间附近；（c）、（d）、（e）位于道路交叉口的出入口，应保证其拥有足够的集散空间

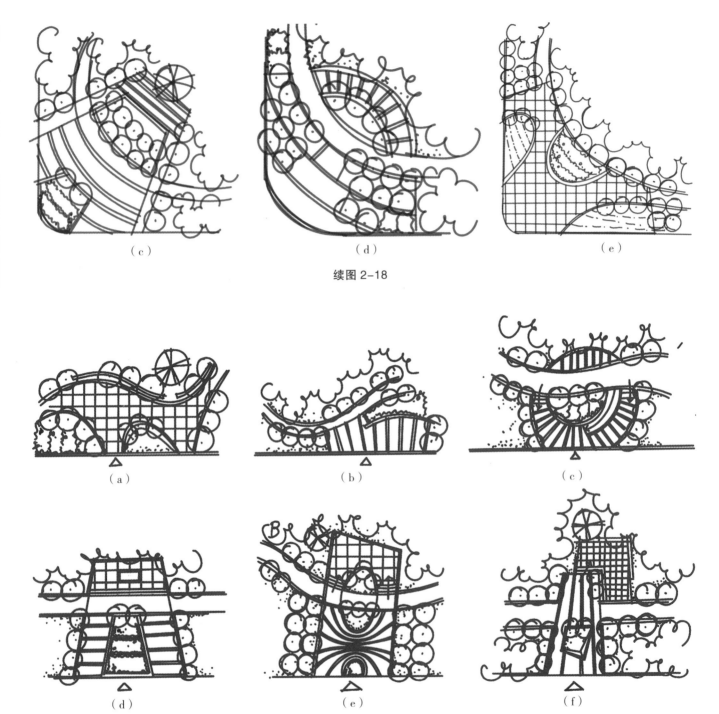

续图 2-18

图 2-19 出入口设计案例 B

2.3 滨水节点布局与设计图解

2.3.1 滨水节点布局

1. 滨水节点布局的方式

滨水节点的空间布局需要考虑水域尺度、水域形态、亲水安全、生态与防洪要求以及游人的亲水需求等多方面的因素。分析上述问题后，可按照空间布局逻辑进行滨水节点的布局设计（图2-20）。

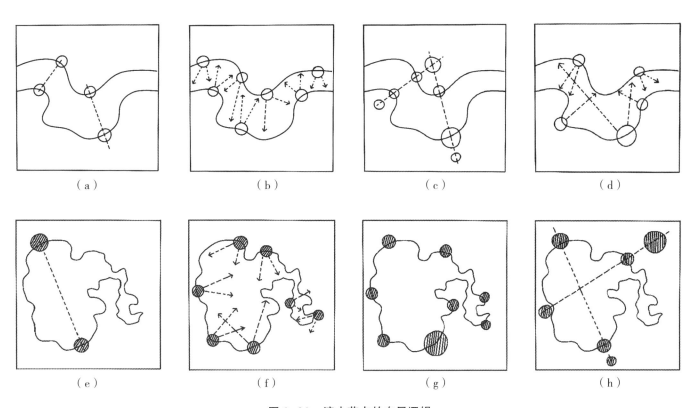

图 2-20 滨水节点的布局逻辑

（a）滨河主次节点按对景布局；（b）滨河节点结合视线关系交错布局；（c）滨河节点按主次轴线布局；（d）滨河节点"一主多次"布局，主节点占据核心位置；（e）滨湖节点按主次对景布局；（f）滨湖节点结合视线交错布局；（g）滨湖节点按"一主多次"布局，主要节点占核心位置；（h）滨湖节点结合主次轴线布局

2. 常见的布局错误

对于初学者而言，滨水节点设计上极易出现一些布局性错误，如连续性节点布置、不考虑视线关系、节点大小过于均等化等（图2-21）。

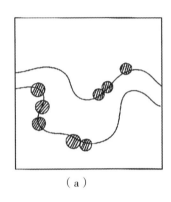 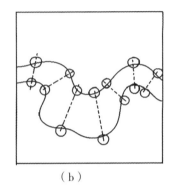 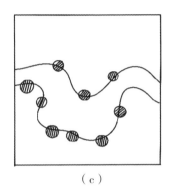

图2-21 滨水布局常见问题

（a）节点连续布局，节点间缺乏过渡，布局缺乏节奏感；（b）河道两岸节点两两相对，容易形成对视，影响观景效果，可调整为交错布局，单个对景设计除外；（c）节点布局间距相同或相近，节点大小无明显区别，主次难分

2.3.2 滨水节点的类型及设计要点

1. 滨水节点的类型

滨水节点的类型众多，从功能的角度看，常见的滨水节点有滨水亲水平台节点、滨水休闲广场节点、游船码头节点、滨水建筑节点以及滨水亭廊节点等（图2-22）。

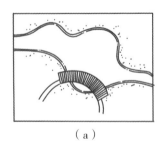 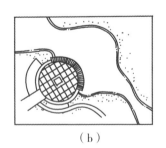 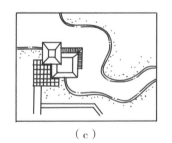 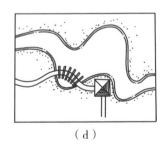

图2-22 滨水节点的类型

2. 滨水节点的设计要点

1）充分考虑滨水安全

设计前需要认真研判场地是否存在危险因素，如驳岸的稳定性、水体的侵蚀性、土壤物理性质、植被状况等。在满足安全的情况下进行相关要素设计。

2）分析并参照水文特征进行设计

滨水节点的设计需要充分考虑水位变化。滨水空间的各类竖向尺度需要依据水位变化值进行定量设计。如常水位、洪水位、枯水位高度等是亲水平台、滨水广场等节点高度控制的基本参照。

3）明确功能、形式以及尺度

首先，明确滨水节点的功能，如节点具体用途是什么、为什么人服务、为何种行为服务；其次，要考虑形式，具体选择何种形式，应依据设计地块的结构形式、主题元素，充分参照结构、路网、主题基本形来进行设计；最后，要把握好尺度，如需要容纳多少人、人的行为需要什么样的尺度、需要看多远等。

2.3.3 滨水节点设计

1. 亲水平台设计

1）亲水平台与水的关系

亲水平台设计目的是满足大众的亲水需求，因此，在设计中需要把握好亲水平台和水体之间的尺度关系（图2-23）。通常会将亲水平台的一部分（三分之一或一半）伸向水面，也可将其与近水岸的岛屿进行连接。虽然伸向水面有利于让游人与水保持比较近的距离，但不宜将亲水平台大部分伸向水面或整个亲水平台架在水面之上。

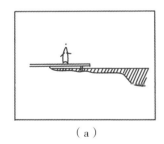 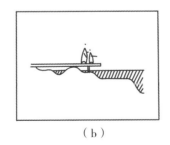 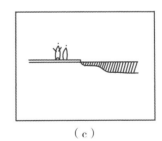 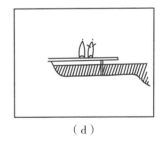

（a）　　　　　　　　（b）　　　　　　　　（c）　　　　　　　　（d）

图 2-23　亲水平台与水的关系

2）亲水平台的平面设计基本形

亲水平台节点是游人亲水的重要空间，其设计需要考虑平面形式、尺度、水位变化以及与园路的衔接关系（图2-24），可以参考空间结构线性、主题元素基本形来设计。

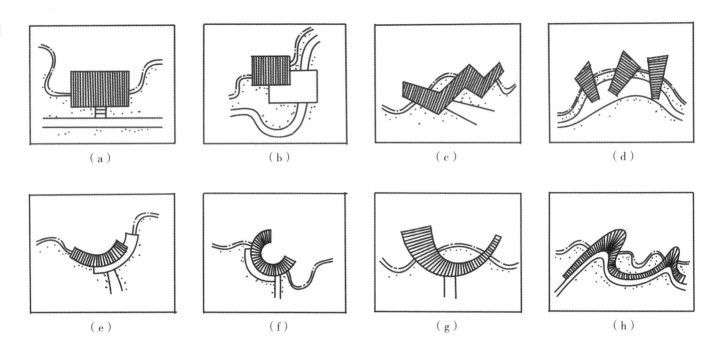

图 2-24 亲水平台形式及与园路的关系

2. 滨水广场设计

1）滨水广场的基本形

滨水广场是游人休憩、观景、进行集体活动以及亲水的重要空间,其设计需要考虑平面形式、尺度、水位变化以及与园路的衔接关系(图 2-25)。

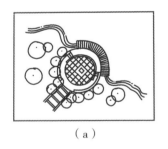
(a)

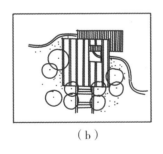
(b)

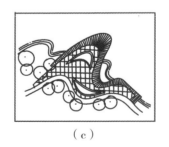
(c)

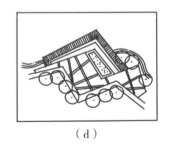
(d)

图 2-25 滨水广场的基本形

(a) 以圆形及椭圆形为基本形的广场;(b) 以矩形为基本形的滨水广场;(c) 结合曲线岸线以及曲线道路进行随形设计;
(d) 结合折线岸线以及折线道路进行随形设计

2）滨水广场设计案例

滨水广场设计案例见图2-26。

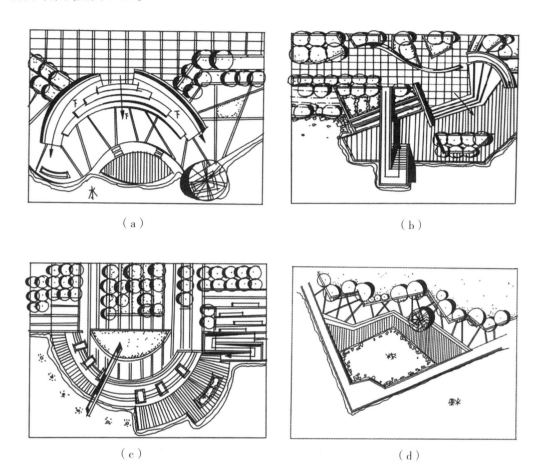

图2-26　滨水广场设计案例

3. 游船码头设计

1）游船码头设计要点

游船码头是水景空间的重要景观设施，其设计需要考虑下列因素：

①注意风、日照等气象因素对码头的影响，风口位置不便于船只停靠，设计应尽量避免；

②水体条件应考虑水体的大小、水流、水位情况，水面大的应设在避免风浪冲击的湖湾中，以便船只停靠方便；

③水体小的应选择在较开阔处设置，流速大的水体应避免河水对船体的正面冲击。

2）游船码头设计案例

游船码头设计案例见图 2-27、图 2-28。

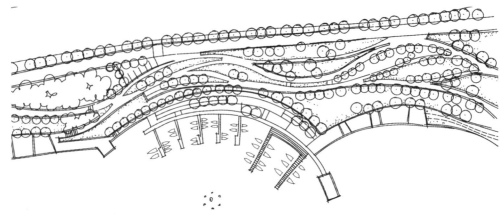

图 2-27　游船码头设计案例 A

（图纸来自刘岳坤老师讲授课程"风景园林设计"的学生案例抄绘作业）

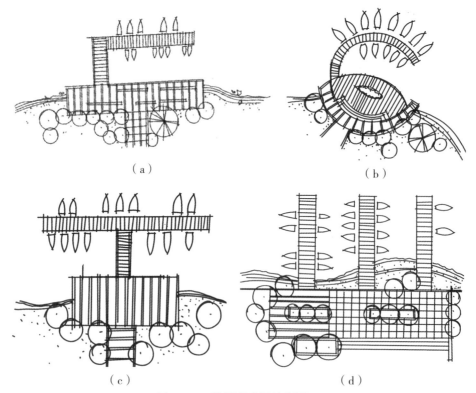

图 2-28　游船码头设计案例 B

2.4 儿童活动区布局与设计图解

2.4.1 儿童活动区布局选址及设计要点

1. 儿童活动区布局选址

儿童活动区布局选址需要注意以下几点：

①儿童活动区一般选择在公园平坦开阔的区域，不仅方便儿童活动，还能确保足够的安全和便利性；

②交通便利，方便家长接送孩子，同时也便于紧急情况下快速疏散；

③空间视野开阔，便于成人监护，确保成人可以随时观察孩子的活动情况，保障安全。

2. 儿童活动区设计要点

室外儿童活动区的设计需要综合考虑儿童的身体发育、行为特点和心理需求，以确保活动区既能满足儿童的活动需求，又能保障其活动安全性。

1）明确不同年龄段儿童特征及心理需求

儿童活动区主要服务对象为1～12岁儿童，可按年龄大小进一步细分为多个年龄段。结合不同年龄段进行空间布局及功能设计：

①1～2岁年龄偏小的幼儿不能有意识地调节和控制自己的活动，需要开阔安全的活动场地，地面要柔软，活动设施应符合幼儿行为尺度，配合鲜艳色彩和有趣图案进行设计。

②2～6岁的儿童开始学会应用一些简单器械，家长可以保持一段距离，儿童互动性增强，肢体活动幅度增大，需要单独的活动场所和设施；

③6～10岁儿童有一定的自我控制能力，开始有意识地参加集体活动和体育运动，家长可以托管，独立性增强，需要更多的互动性活动；

④10岁以上儿童喜欢冒险，又敢于尝试，活动区应提供更多挑战性的设施。

2）空间设计尺度把握

儿童的活动尺度、身心特征与成人有所不同，尽量做到"小空间，多趣味"，空间尺度不宜过大。一般来说，成人步幅约65 cm，3秒走路的距离估计有3.9 m，所以看护区的座椅距离儿童设施的距离不宜多于4 m，不得少于1.8 m。园内路面宜平整，不设台阶或较大的坡度，以便于儿童骑车和进行游戏。

3）空间功能布局

不同功能的空间可以满足不同年龄儿童的需求，因此儿童游憩空间的设计首先应考虑功能分区，如学龄前儿童活动区和学龄儿童活动区。儿童活动区周围适合安排以"动"为主的功能区，不宜与安静休息区等相邻。

4）色彩搭配

儿童活动区的色彩应结合儿童的心理特征以及具体的功能、主题来选择。这里主要强调铺装以及游戏设施的色彩设计。

（1）铺装色彩。

铺装色彩是整个儿童活动区色彩的基础，起到底色的作用。

铺装色彩还可以结合图案图形进行创意设计，如在局部设置卡通图形、数字图案、小动物图形等，并搭配相应的颜色，增强活动区的趣味性。铺地本身具有一定的导向性，可以利用色彩导向功能对不同年龄段儿童活动区域进行色彩划分，形成各自的活动场地。

（2）游戏设施色彩。

儿童思维比较单纯，更偏爱鲜艳明快的色彩。纯度高、对比强烈的色彩更能引起他们的注意。因此，儿童活动区的游戏设施应以纯色为主，并结合2～3种颜色进行搭配，体现层次感，营造活泼欢快的氛围。

5）植物种植

儿童活动场地在植物的选择上，应以乔木为主，供遮阳；以灌木为辅，采用无刺、无毒的品种；草坪要选择耐践踏品种。植物不仅是重要的景观要素，同时对于儿童还有一定的观赏学习和玩耍价值。区域内植物应选用无毒、无刺、不飞絮、不过敏，无异味的植物，确保儿童在接触植物时的安全。

2.4.2 常见儿童活动设施设计

1. 儿童滑梯设计

儿童滑梯设计需要与地形设计相结合。有两种基本形式（图2-29）：

①凸地形设计形式，这种形式需要设计高于地面的微小凸地形，结合地形坡度变化设计滑梯[图2-29（a）]；

②凹地形设计形式，做下沉式设计[图2-29（e）]。

为了儿童的使用安全，滑梯坡道不宜过陡（一般为30°～35°），也不宜过长（3500 mm左右为宜），应对儿童单人滑道宽度进行设计（通常为400～700 mm），滑梯的底端铺装需要进行软化处理，如使用塑胶软垫铺装，也可以结合沙池进行设计。

2. 儿童沙池和戏水池设计

1）沙池设计

首先考虑其布局的相对位置，位置最好选择在向阳背风处，向阳处有利于杀菌消毒，让湿润的沙子快速变干。背风能够避免大风将沙子吹出沙池范围，污染园区环境。室外沙池应设置在幼儿容易看到的地方，不应放在角落，以免被幼儿忽略。其次是控制好尺度，如果场地充裕，面积应大于30 m^2，并且至少保证活动时每个幼儿1 m^2

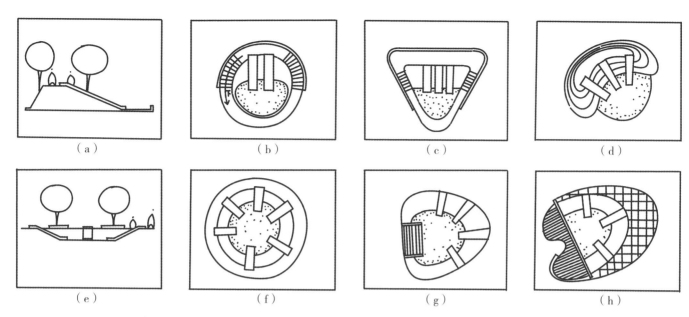

图 2-29 儿童滑梯设计形式

的面积,否则会使得场地拥挤,容易引起幼儿情绪烦躁,甚至影响游戏行为。综合考虑各项因素,在规划场地时,将户外沙水活动的空间环境保持在人均 2.1～2.5 m² 较为合适,深度为 0.3～0.5 m,宽度应考虑幼儿行走、坐卧的可能,以 0.3～0.4 m 为宜。最后,形式选择应结合场地主题、基本形来综合考虑,可采用圆形、椭圆形、自然曲线形、不规则多边形等多种图形组合(图 2-30)。

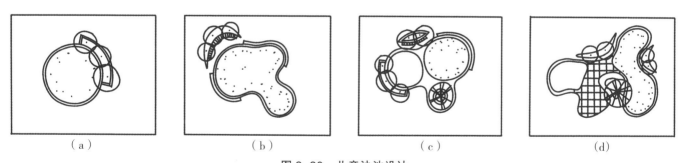

图 2-30 儿童沙池设计

2)戏水池设计

水池的位置应当与沙池保持适当距离,避免幼儿在玩沙过程中将大量沙粒抛进水池,引起水池堵塞。同时又要便于幼儿取水。水池规模不宜过大,深度最好保持为 0.15～0.3 m(幼儿戏水池)。如果是儿童游泳池,深度应为 0.6 m;当儿童戏水池和幼儿戏水池合建时,应采用栏杆分隔开。水池入口应当设置成阶梯状,便于幼儿逐步进入水中。水池底部和四周应当设计防滑措施,比如防滑垫、防滑扶手、栏杆等,从多个方面保证幼儿的安全,戏水池的表面构造应圆滑，不得出现有棱角的凸出物，形式上可以根据需要设计成椭圆形、曲线形、不规则状等。为了增加水池的趣味性，还可以在水池上设置水车、彩虹圈、儿童水闸等设施。

3. 趣味地形设计

儿童游乐区地形的设计模仿大自然的山丘，通常将其边缘设计成较为圆润的形式，地形内部开挖小隧道供儿童爬行和游戏（图2-31）。

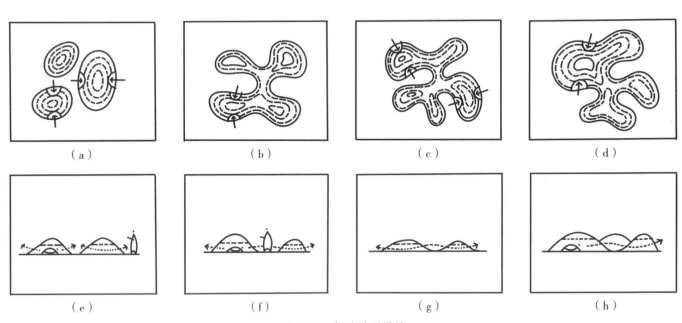

图2-31 趣味地形设计

4. 儿童滑板场设计

1）设计要点

在设计儿童滑板场时，首先要做好安全性设计。场地应选用耐用且抗滑的材料，如混凝土和钢材，以确保结构稳固。设计时要注意避免尖锐边缘，所有设施的边角应进行圆滑处理，以减少碰撞伤害。此外，合理的排水系统可以防止雨水积聚，保持场地干燥，降低滑倒的风险。其次提高场地的趣味性。设计时应注重趣味性和互动性，如使用鲜艳的颜色、夸张的造型和互动装置来增加场地的吸引力。可以通过设置攀爬网墙、墙面孔洞等设施，激发儿童的好奇心和探索欲。最后功能设计不能过于单一，可将儿童滑板场按照难度级别，划分为不同的区域，如初级练习区、中级挑战区和高级技巧区，以满足不同技能水平的儿童的活动需求。

2）常见形式

儿童滑板场常见的有内凹规则式［图2-32（a）、图2-32（e）］和内凹不规则式［图2-32（b）、图2-32（f）］、凸起规则式［图 2-32（c）、图 2-32（g）］和凸起不规则式［图 2-32（d）、图 2-32（h）］。

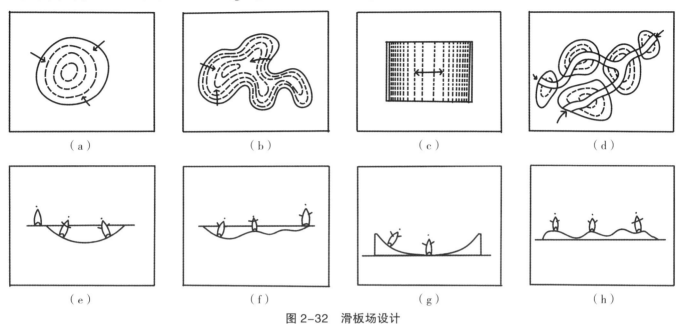

图 2-32 滑板场设计

2.4.3 小型儿童活动空间设计案例

小型儿童活动空间设计案例见图 2-33。

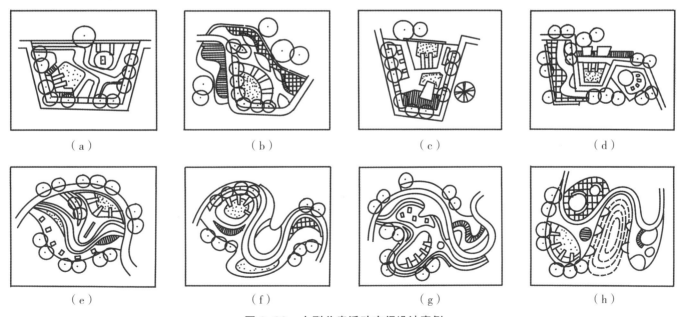

图 2-33 小型儿童活动空间设计案例

2.5 露天剧场节点布局与设计图解

2.5.1 露天剧的布局及设计要点

1. 露天剧场的选址

1）结合水体、植被的布局

可以考虑在水岸边或者林间、草地，以水或树林为背景。不扰民且适宜群众参与。

2）结合地形布局

利用坡地设计，减少建设成本，方便设置座椅。注意流线关系，交通流线尽可能不在观演表演场地内穿越或者交叉，避免流线干扰。

2. 露天剧场设计要点

1）分析并明确功能

露天观演表演场地主要功能空间包括观演区（主要表现形式有阶梯看台、草地石阶、坡地草坪）、表演区（表演广场、小舞台或喷泉水池、水幕电影等）和内部流线交通体系（观众入口及流线，表演者入口及流线或两种流线的合一设计）。阶梯看台、小舞台、露天剧场或是下沉广场这类空间的功能都是复合的，不会固定服务于某种具体的活动形式，其观演表演功能属性更强；下沉广场、草坪坡地同样具备观演表演的功能。

2）明确配套设施

在观演区布置座位，配套设施包括穿插在坡地上的条石、石凳；硬化的台阶看台、表演场舞台；专用台阶或坡道；配合表演的相关景墙、水池、喷泉等。

3）周边要素利用及设计

绿化设施具有重要的背景及围合功能，在剧场周围布置大量绿化设施，让绿树环抱剧场，面向水面，背靠绿色，让人们在亲近大自然的同时，在绿意盎然的环境下欣赏演出。此外能够形成一个较为独立的空间，内外互不干扰。地形亦有相似功能，此外，在剧场或小舞台周边还可以适当点缀喷泉水景、雕塑等要素。

2.5.2 露天剧场的形式及设计案例

露天剧场应参照场地形态、路网结构和空间基本形进行设计，可临水设计，也可结合内部地形高差进行设计（图2-34、图2-35）。

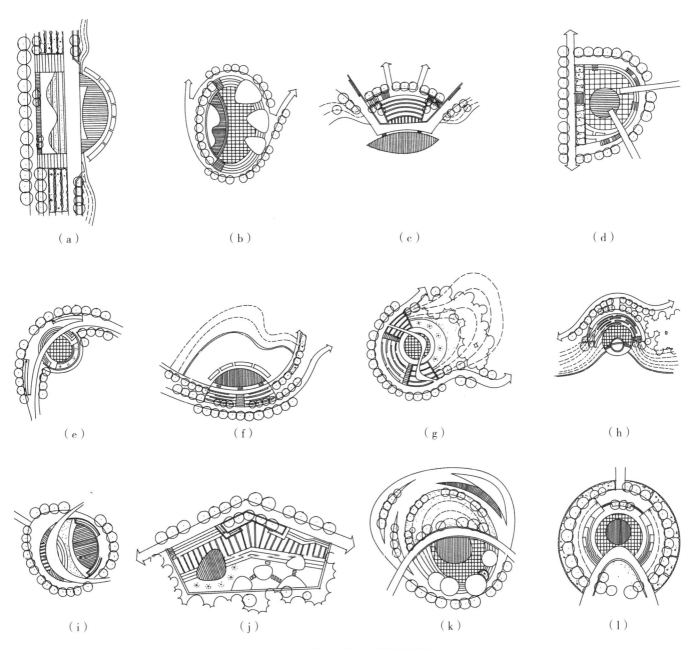

图 2-34 露天剧场空间设计案例 A

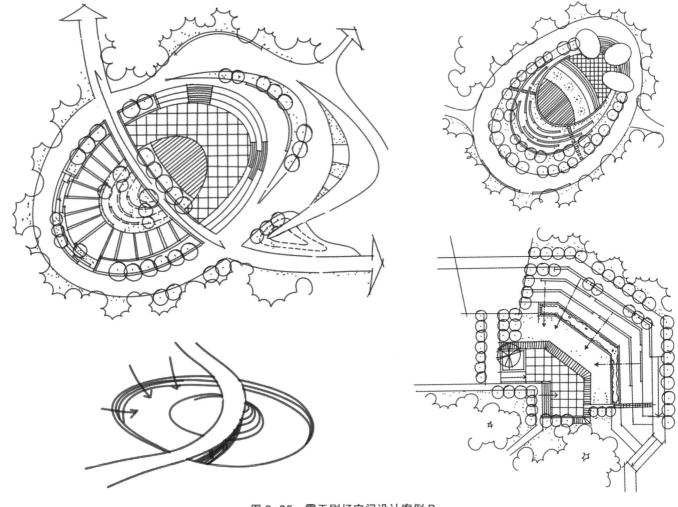

图 2-35　露天剧场空间设计案例 B

2.6　风景园林建筑布局与设计图解

2.6.1　风景园林建筑及其类型

　　风景园林建筑类型众多，在城市公园、城市广场等公共空间中常见的景观建筑有公厕、咖啡厅、茶室、艺术展馆、市民活动中心、园务管理用房、零售商店等。这类建筑建于城市公园、广场等户外公共活动空间，具有广义建筑概念中所定义的相关功能，还具备景观观赏特性，其外形以及内部空间功能营造均应考虑观赏的审美需要。

2.6.2 风景园林建筑设计要点

1. 建筑选址

建筑选址主要考虑不同的建筑类型、建筑体量大小、场地地形等因素，如管理用房多数布局在出入口附近或有专门通道、入口与其便捷连接的地方；艺术展馆、咖啡厅、茶室等建筑不仅要有便捷的交通流线，还要有较好的视觉观赏性。这种观赏性可以从两个方面来理解：①建筑由内向外的景观视野，即从建筑内部向外看到的景色（与建筑的位置、朝向等因素有关）；②建筑本身作为重要的观赏点要纳入节点布局体系之中，使建筑作为视觉焦点并成为观赏对象。

2. 建筑面积控制

面积控制要按照任务书的要求进行，通常建筑总面积可在要求面积的10%上下浮动。园林建筑以1～3层为主（特殊情况除外），建筑面积控制也按照这样的层数来估算，建筑层数不宜过高，要与整个场地空间结构、尺度相适应。

3. 建筑体块形态

建筑体块形态应结合整个场地的结构风格、空间特征以及建筑本身的功能需要来综合确定，形态变化要适应周边环境，特别是一些体量较大的公共建筑，要与地形、植物、周边建筑、水体等相关要素保持协调关系。

4. 建筑朝向与出入口位置

建筑朝向要考虑采光和景观视野，同时要与周边园路体系相适应。

5. 建筑与其他景观要素的配合设计

园林建筑作为园林要素之一，不宜独立成景，优美且具有意境的园林建筑应该与园林植物、水体、地形、山石等要素相互搭配，应合理组织各类要素之间的关系。将建筑的位置、形态、层数、高度、色彩等设计与场地周边竖向设计、硬质场地、道路、植被、水系完美组合起来，形成一个有序的整体（图2-36）。

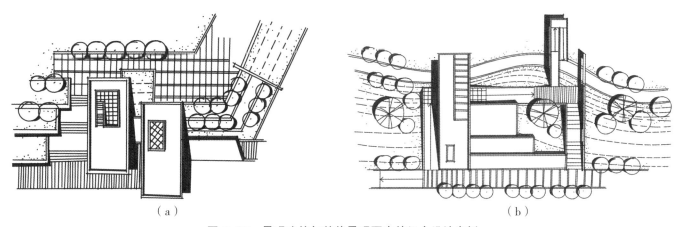

图 2-36 景观建筑与其他景观要素的组合设计案例

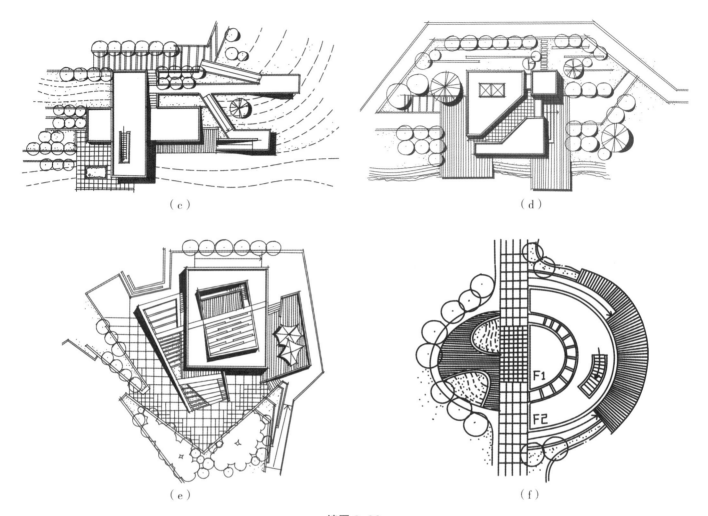

续图 2-36

2.7 健身运动空间布局与设计图解

2.7.1 健身运动空间布局选址

健身运动空间规划选址主要有以下几个方面需要考虑。

1. 考察地形条件

场地应选择平整的区域以确保使用的便利性和安全性,应避免选择低洼、潮湿、易积水的地区。

2. 位置与交通

球场、健身活动场地属于动态空间，应将这类动态空间布置在场地较为动态的区域，以便在静区安排静态空间。此外，选址应考虑周边的交通情况，便于使用者的到达，有利于提高场地的使用率。便利的交通也有利于器械搬运，满足日常维护需要。

3. 人性化设计

安全性、舒适性和无障碍化是人性化设计的基本要求。安全性是要求在选址时应研判并规避各类潜在风险因素，确保使用者的安全。运动场、器械区还应考虑遮阳、休息等方面的配套设计，尤其是器械运动区、趣味运动区应有较好的遮阳设计。健身运动区为大众服务，需要考虑各类人群的使用方便，满足一些特殊群体的运动、观赏的需求，场地内道路、公共服务设施等尽可能无障碍化设计。

2.7.2 常用户外球场设计尺寸

球场空间包括球场（球桌）实用空间、附属活动空间和缓冲空间等。常见的户外球场包括篮球场、排球场、网球场、室外乒乓球场、小型足球场和羽毛球场。其中篮球场、网球场和小型足球场由于受户外环境（风、阳光等）影响较小，因此在公园和广场中较为常见。

1. 篮球场

篮球场有全场和半场：在场地不受限、有竞赛要求时，可设计标准的全场篮球场［图2-37（a）］；在场地面积受限时，可设计半场篮球场［图2-37（b）］。

2. 排球场

排球场的尺寸为长18000 mm、宽9000 mm。球场外边线向外至少要有3000 mm的无障碍区［图2-37（c）］。

3. 网球场

网球场的尺寸为长23770 mm、宽10970 mm，加上外围无障碍区（缓冲区）后，尺寸为长36570 mm、宽18290 mm［图2-37（d）］。

4. 室外乒乓球场

比赛场地应为长方形，长度不得小于14000 mm，宽度不得小于7000 mm。球台尺寸：球台的上层表面（台面）长度为2740 mm，宽度为1520 mm［图2-37（e）］。

5. 五人制足球场

五人制足球场必须是一个长方形，根据国际足球联合会的规定，最大长度不得超出42 m，最小长度不得低于25 m；最大宽度不得超出25 m，最小宽度不得低于15 m。无论场地长度和宽度如何变化，都必须保证长度大于宽度。在国际比赛中，标准的五人制足球场长度为 38～42 m，宽度为 18～22 m。在场地受限时，五人制足球场可按照最小尺寸设计，宽度为 15000 mm，长度为 25000 mm [图 2-37（f）]。

6. 户外羽毛球场

球场尺寸为宽 6100 mm、长 13400 mm，加上外围无障碍区后，尺寸为长 19400 mm、宽 12100 mm [图 2-37（g）]。

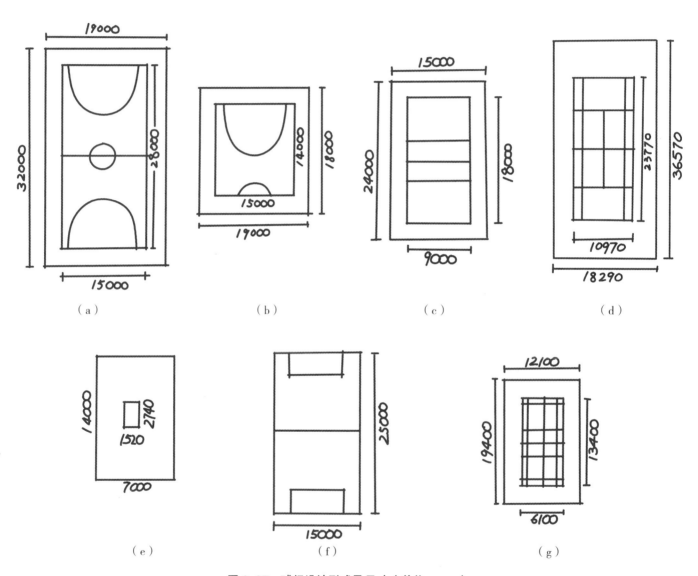

图 2-37　球场设计形式及尺寸（单位：mm）

2.7.3 运动场地景观设计案例

运动场地的设计要综合运用多种景观要素,结合场地结构形态进行设计,使得运动空间满足各类运动功能需求的同时,具有观赏、休闲的价值(图2-38)。

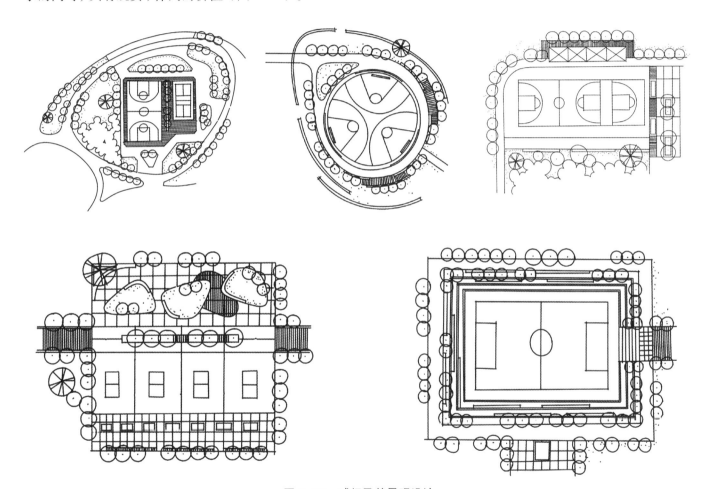

图 2-38 球场及其景观设计

2.8 停车场布局与设计图解

2.8.1 地面停车场设计

1. 规划选址

地面停车场为了方便游人停车，一般应规划在公园出入口附近。而出入口的规划，应考虑安全以及使用的便捷性。停车场出入口设计应有较好的视野，出入口距离人行天桥、地道和桥梁、隧道引道应不小于50 m，距离城市道路交叉口应不小于80 m，且与城市地铁口、公交站台、公园、学校出入口保持一定距离，确保行人安全（图2-39）。

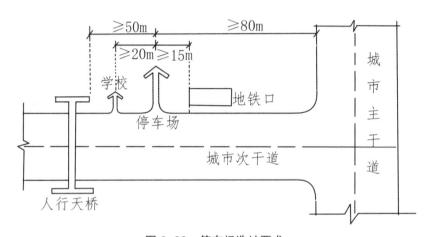

图 2-39　停车场选址要求

2. 出入口数量及尺度

车位数小于50个时，可设一个出入口，其宽度宜采用双车道；车位数为50～300个时，出入口不应少于2个；车位数大于300个时，出口和入口应分开设置，两个出入口之间的距离应不小于20 m（图2-40）。

3. 设计尺度

小型汽车位：宽2.5 m，长5.5 m（快速方案设计中常用3 m×6 m，便于计算），行车通道宽5～7.5 m。中巴车位：宽3 m，长8～10 m。大巴车位：宽3.5 m，长12.5～14.5 m。

4. 设计案例

地面停车场设计案例见图2-41、图2-42。

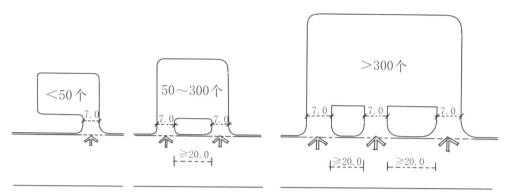

图 2-40 停车场出入口规模（单位：m）

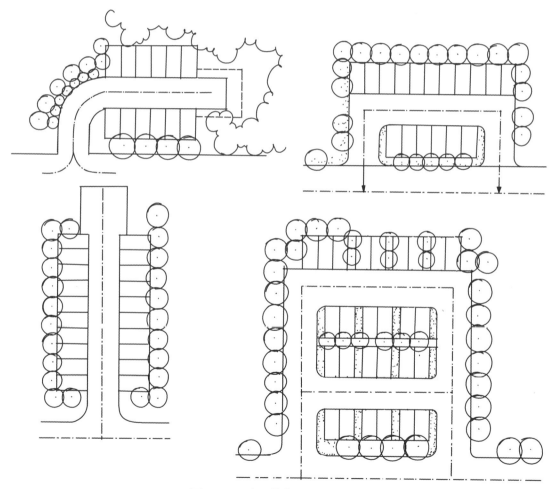

图 2-41 地面停车场设计案例 A

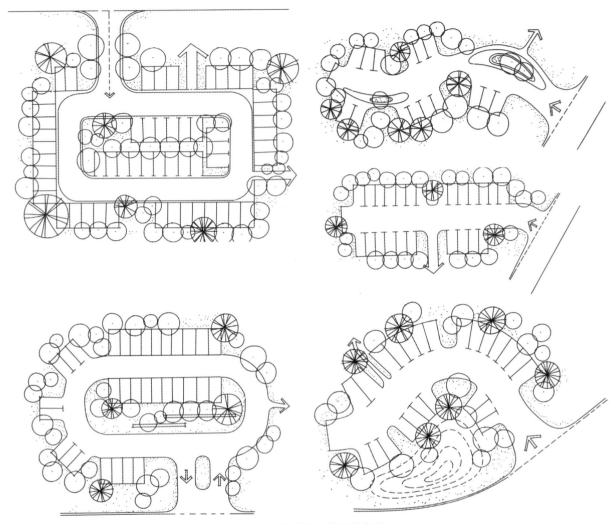

图 2-42 地面停车场设计案例 B

2.8.2 地下停车场设计

1. 设计要点

1）地下停车场位置选择

地下停车场出入口的选择可参考地面停车场选址规划要点。另外，由于地下停车需要开发地下空间，因此地下停车场设计应符合地下空间开发利用的相关规定。如遇受保护的水体、古树、古建筑、地铁、主要市政设施等地下禁止开挖为地下车库的情况，应遵照任务书要求进行规划设计。

2）面积估算

地下车库的面积 = 出入口面积 + 行车通道面积 + 车位面积 + 其他。

3）流线设计的相关问题

地下停车场的规划设计还需要考虑人行流线，即人进出地库的流线，可以考虑在地面设计专门梯道或无障碍电梯。此外还应考虑地下车库的采光和通风问题，采光和通风等相关设施的设计应与地面景观相协调，整体考虑。

4）地下停车场出入口的尺度

出入口分开设置的单行车道按照 3～4m 宽度设计，出入口合并设置的双车道按照 7～8m 宽度设计。

2. 出入口设计形式

地下停车场出入口设计形式见图 2-43。

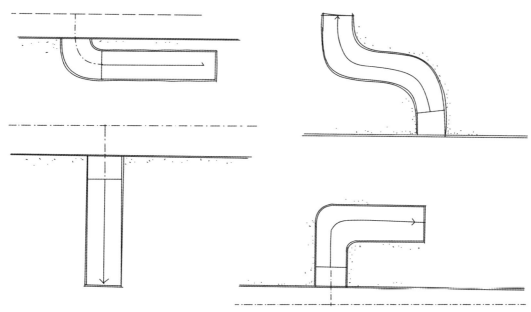

图 2-43　地下停车场出入口设计形式

2.8.3　非机动车停车场设计

1. 非机动车停车场选址

非机动车停车场和非机动车存车处的位置应设于各游人出入口附近，但不得占用入口内外集散广场，其规模应根据公园性质和游人使用的交通工具确定。在规划选址中应考虑"四性原则"：①便利性，停车场应设在游人出入口附近,方便游客快速进出公园;②安全性,选址应考虑不影响市政设施正常运行、城市交通安全和行人通行;③适应性,选址应符合城市交通规划,适应城市发展的需要;④美观性,停车场的设计应安全美观,便于提升城市形象。

2. 非机动车停车场设计形式及尺度

非机动车停车带的标准宽度为2 m,行车通道的宽度则根据车道数的不同而有所变化,一般宽度为2 m(图2-44)。

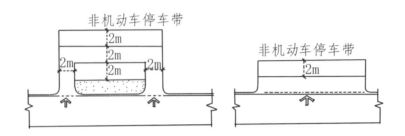

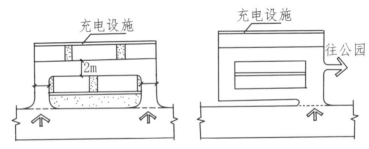

图 2-44 非机动车停车场设计

3 风景园林生态理论及其应用图解

3.1 边缘效应理论及其应用

3.1.1 边缘效应的基本概念

景观是不同类型生态系统镶嵌组成的空间复合体。边缘是两个不同生态系统相交形成的狭窄区域。这个狭窄区域是两个生态系统的过渡区，我们称之为边缘区，被边缘区包裹的内部空间为核心区。因不同生态系统的交叉，一些典型的物种限制在边缘或内部环境，使得斑块的边缘部分有不同于内部的物种组成和丰富度。

以边缘空间为主要生境的物种称为边缘种，以核心空间为主要生境的物种称为内部种。影响斑块边缘空间尺度的主要因素是斑块的形状，在同等面积情况下，接近于圆形边界的斑块边缘区最小[图3-1（a）]，而边界越复杂越曲折的斑块其边缘区越大[图3-1（c）、图3-1（d）]，即面积不变的情况下，周长越长的斑块边缘区越大，核心区越小。

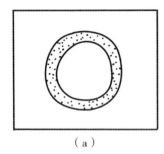
（a）
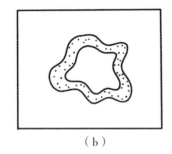
（b）
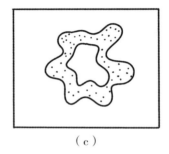
（c）
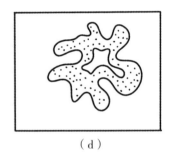
（d）

图3-1 边缘效应

3.1.2 边缘效应在河岸设计中的应用

1. 岸线的曲度（长度）

生态化河道设计可以调整河道的曲度，同等宽度的一段河道，河岸线越长，边缘区越大。边缘空间是水体净化和污染控制的"排头兵"。曲度的改变，在一定程度上降低水的流速，延长物质沉淀、吸附、交流转化的时间。同时，较为宽阔的边缘空间能够为两栖物种提供更大的生境（图3-2）。

2. 交错带（边缘区）的宽度

在不改变河道曲度的情况下，可以通过调整河道种植设计格局和地形格局来扩大边缘空间的面积，增强边缘效应对水土的保持、净化以及对物种的保护（图3-3）。

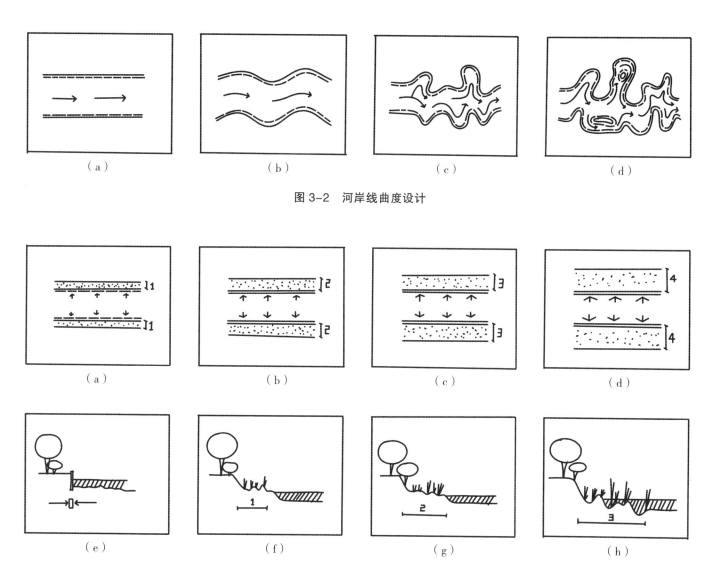

图 3-2 河岸线曲度设计

图 3-3 河岸生态交错带宽度设计

注：图中（a）～（d）表示的是河道边缘区宽度逐渐增加，（e）～（h）表示相应的剖面变化。

3. 曲度与生态交错带的组合设计

在扩大边缘曲度的同时也可以扩大边缘区（生态交错带）宽度。边缘区不仅具有过滤、净化的功能，还能够为水文调节提供支持，如增强水的涵养、入渗、补给。宽阔的边缘区为水位变化提供了弹性空间（图 3-4）。

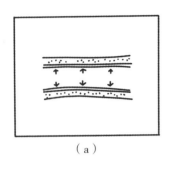 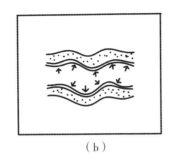 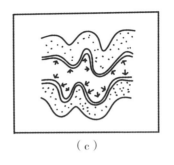 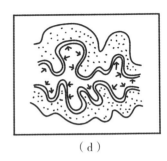

(a)　　　　　　　　　(b)　　　　　　　　　(c)　　　　　　　　　(d)

图 3-4　河岸曲度与生态交错带组合设计

4. 河岸路网架空设计

对于现代河岸设计尤其是城市空间的河岸设计，不仅要考虑其自然生态效益，还应兼顾市民休闲、自然体验、观光游憩的需要。因此在河岸空间中需要创设一些亲水平台和观景步道，为了不影响物质流的正常流动，可以将园路包括一些必要的硬质亲水空间作架空处理，上部人流、下部物质各自流通，架空的高度应结合水文尺度变化来确定（图 3-5）。

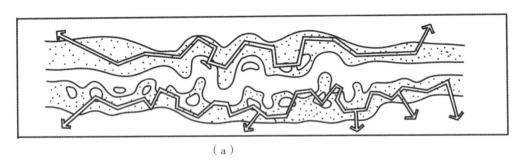 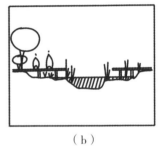

（a）　　　　　　　　　　　　　　　　　　　　　　　　（b）

图 3-5　河岸路网架空设计

3.1.3　边缘效应在湖岸设计中的应用

1. 湖岸的曲度

湖岸与河岸相似，其生态效益也可以通过湖岸的曲度调整来进行设计。可通过曲度的增加扩大边缘区面积。也可以适当增加岛屿增加边缘生境空间。孤立的岛屿还为某些两栖类物种提供安全的栖息地。湖岸边岛屿削弱水浪能量的效果良好，对湖岸稳定具有积极作用（图 3-6）。

2. 曲度与生态交错带的组合设计

除了调整湖岸曲度，通过增加边缘空间（生态交错带或渐变带）的宽度也可以提高其生态效益。宽度可以通过人为设计进行调整，如通过调整高程变化来增加交错带的宽度，或在相对高差不变的情况下，将水陆交错带的坡度改大为小，坡度越小、变化越缓慢，交错带空间越大。另外，还可以通过种植设计进行调整，如由森林 – 湖岸 – 水体改变为林地 – 灌丛 – 草花带 – 水生植物带 – 水体。也可以综合运用上述两种方式进行设计（图3-7）。

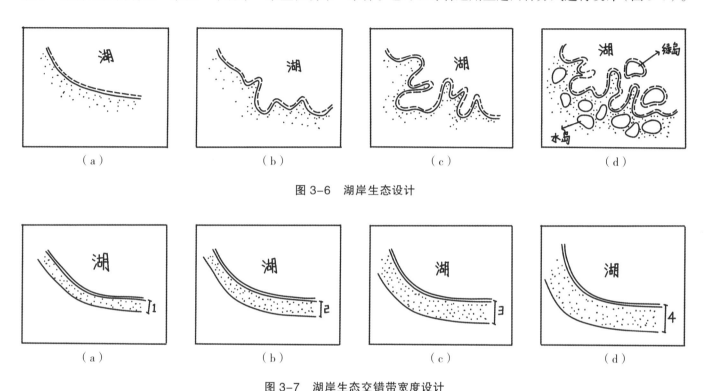

图3-6 湖岸生态设计

图3-7 湖岸生态交错带宽度设计

3.1.4 边缘效应在湿地设计中的应用

1. 湿地的概念及其作用

湿地这一概念在狭义上一般被认为是陆地与水域之间的过渡地带，具有不可替代的生态功能，因此享有"地球之肾"的美誉。湿地一词最早出现于1956年美国鱼类及野生动物管理局《39号通告》，其将湿地定义为被间歇的或永久的浅水层覆盖的土地。1979年，美国为了对湿地和深水生态环境进行分类，该局对湿地内涵进行了重新界定，认为湿地是陆地生态系统和水生生态系统之间过渡的土地，该土地水位经常存在于或接近地表，或者为浅水覆盖。1971年多国代表在拉姆萨尔通过了《关于特别是作为水禽栖息地的国际重要湿地公约》（简称《湿地公约》），该公约将湿地定义为天然或人造、永久或暂时的沼泽地、泥炭地或水域地带，带有静止或流动的淡水、半咸水或咸水水体，包括低潮时水深不超过6m的水域。

湿地具有涵养水源、净化水质、维护生物多样性等多种生态功能，是自然生态系统的重要组成部分。湿地环境独特，生物种类繁多，是许多珍稀物种的栖息地。

2. 蓝绿斑块设计与应用

湿地的净水功能主要是通过陆地-水体交错带之间的生态流来完成的，其中既有生物、微生物之间的相互作用，也有非生物间的交流，包括能量的交流及各种矿物质之间的交流、转化，蕴含着丰富的生物能、化学能。增强湿地生态功能，就需要增强水陆之间的交融，扩大边缘区面积。

1）蓝色基底与绿色斑块的结合

单纯的水体湿地系统，水陆交流弱，生态功能单一，可以在浅水区设计绿岛斑块。为尽可能使其不产生核心空间，绿岛斑块尺度不宜过大，斑块边缘尽可能卷曲［图3-8（a）、图3-8（b）］。

2）绿色基底与蓝色斑块的结合

在靠近浅水湿地的陆地区域设计蓝色斑块（蓝泡或湿地泡）。每个蓝色斑块都具有较好的储水净水能力，其形状可以是圆形，也可以是其他复杂的形态。尺度不宜过大，但保证其拥有足够大的边缘面积（尽量无内部面积）［图3-8（c）、图3-8（d）］。

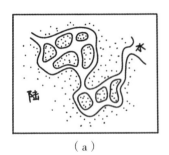 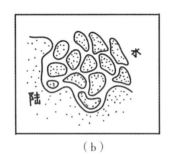 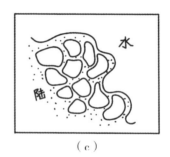 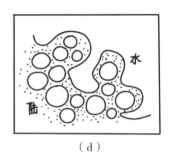

（a）　　　　　　　　　（b）　　　　　　　　　（c）　　　　　　　　　（d）

图3-8　蓝绿斑块在湿地生态设计中的应用

（a）、（b）绿色斑块或绿泡；（c）、（d）蓝泡或湿地泡

3.2　岛屿生物地理学的启示

3.2.1　岛屿生物地理学的概念

岛屿生物地理学最初用于探讨决定岛屿物种丰富程度的影响因素，后来也被用来研究戈壁湖泊、沙漠绿洲、草原林地以及城市、农田等人为用地包围下的小面积自然栖息地的物种数量状况。该理论认为，岛屿上物种

的数量取决于新迁入物种的数量和现有物种灭绝数量之间的动态平衡。物种的迁入和灭绝速度取决于岛屿的大小及其到大陆的距离，据此可以绘成一个一般性的动态图（图 3-9）。图中有几个动态平衡点：S1 表示远距离小岛上拥有较少的物种；S2 表示近距离小岛或远距离大岛上拥有中等的物种丰富度；S3 表示近距离大岛上拥有较多的物种。

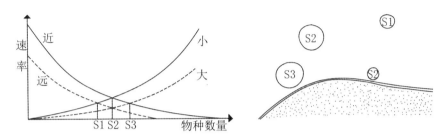

图 3-9　岛屿大小和物种数量之间的动态平衡示意图（MacArthur 等，1963，1967）

3.2.2　岛屿生物地理学的启示与生态孤岛的设计

岛屿生物地理学理论建立了一套理想化模型用来研究影响孤岛中物种丰富程度的因素，提炼出两大相关因素：面积和距离（隔离程度）。在规划设计实践中，我们可以合理利用岛屿的设计来构建物种栖息地。如在湖泊或者较宽阔的河道水面设计孤岛，使之成为野生动植物栖息地和避难所，这种孤岛的设计可以大大降低人为干扰（人类捕猎、污染物输出、噪声、人为光线干扰等）对物种的影响。通常会将岛屿设计成类圆形（图 3-10），使之具有一定的核心面积，面积越大，能够容纳物种的数量就越多，并与大陆保持一定距离，距离需要考虑下列因素：

① 人无法正常跨过；
② 城市噪声、人工照明对内部环境干扰小；

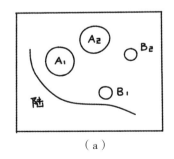
（a）

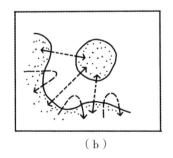
（b）

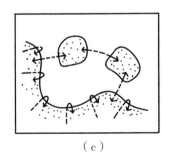
（c）

图 3-10　岛屿生物地理学对物种保护的启示

③能够保障目标物种安全迁移，即距离不能够超过目标物种跨越障碍的最大距离。

结合边缘效应，也可以将岛屿设计成细长条状、放射状等卷曲形态。这类岛屿斑块周长面积比大，无核心空间，对边缘种（如两栖动植物）能够起到很好的保护作用（图3-11）。

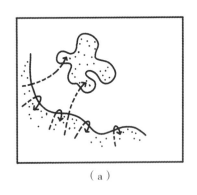 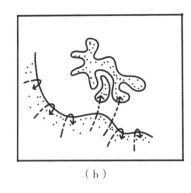 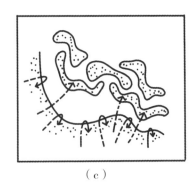

（a）　　　　　　　　　　（b）　　　　　　　　　　（c）

图3-11　卷曲孤岛对边缘种的保护

3.3 斑块、廊道设计

3.3.1 斑块的概念及分类

斑块是外观或性质上不同于周围环境（基质），且具有一定内部均质性的非线性地表区域。根据斑块的不同起源和主要形成机制，可以将斑块分为干扰斑块、残遗斑块、环境资源斑块和引入斑块等。

3.3.2 斑块的结构特征及其生态效应

1. 斑块的大小与形状

斑块的大小，即斑块的面积，是斑块的基本特征。斑块的大小是影响物种多样性和物种运动、能量流和物质流以及各种生态过程的主要因素。大的斑块很容易形成稳定的内部空间，为内部种提供稳定的栖息环境，而小的斑块内部面积小，甚至几乎没有内部面积，仅能够维持边缘种生存［图3-12（a）、图3-12（b）］。

斑块的形状是影响斑块内缘比的重要因素，斑块边缘越是曲折，变化越多，其内部面积就越小。对于某些边缘种而言，生境的营造要在形态上多做变化，形成一些卷曲、多触角、放射状、无明显核心区域的斑块［图3-12（c）、图3-12（d）］。

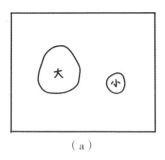 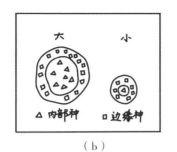 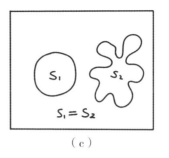 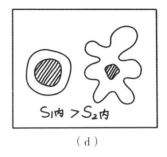

图 3-12　斑块的大小与形状

2. 斑块的镶嵌格局与生态效应

1）斑块的数量

在同等尺度空间中，斑块数量越多，维持某类物种生存的空间越大，物质资源相对越丰富，为生物多样性提供更多必要的物质基础［图 3-13（a）、图 3-13（b）］。

2）斑块的聚集程度

斑块有离散分布和聚集分布。离散分布：斑块间隔离程度高，各斑块内物种交流受阻，不利于物种扩散、转移，很小的、资源匮乏的斑块易造成物种灭绝。聚集分布：便于各个斑块间的交流，有利于物种在各斑块间流动，但也容易造成干扰的扩散，如病虫害、火灾等［图 3-13（c）、图 3-13（d）］。

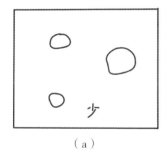 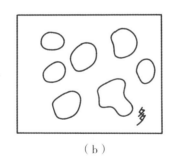 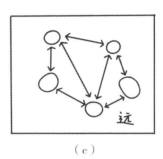 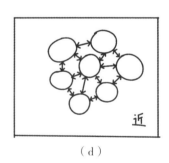

图 3-13　斑块的数量与聚集程度

3）不同尺度斑块组合效应

同等尺度斑块内物质、能量相差不大，各斑块内物种维持需要依赖斑块间的交流［图 3-14（a）］。而大小不同的斑块组合中，面积大的斑块作为源斑块，可以为周边较小的斑块提供资源和物种的补充［图 3-14（b）］。

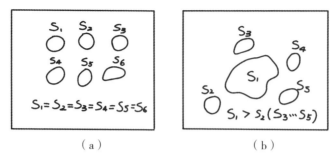

图 3-14 斑块尺度变化及组合方式

4）斑块连通程度

斑块的连通程度影响斑块间的物质流、能量流和物种流的流动。为了增强斑块间的连通性，可以在分离的大斑块间布置多个小斑块作为跳板，增强大斑块之间的联系，也可以直接利用廊道进行连接（图 3-15）。

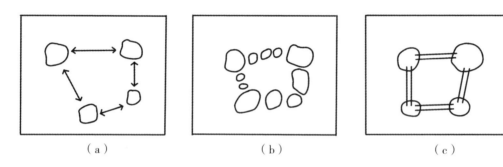

图 3-15 斑块的连通程度

5）斑块镶嵌类型的多样性

相似的斑块镶嵌组成相似的生态系统，物种较为单一。镶嵌类型越多，镶嵌越复杂，景观多样性越大。斑块类型的多样性有利于创造并维持物种的多样性（图 3-16）。

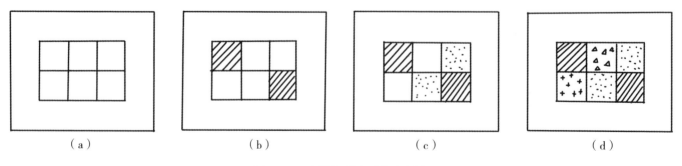

图 3-16 斑块镶嵌类型的多样性

3.3.3 廊道的概念

廊道是指不同于两侧基质的狭长地带。廊道是线性的,不同于两侧基质的狭长景观单元,具有通道和阻隔的双重作用。所有的景观都会被廊道分隔,同时也可以被廊道连接在一起,其结构特征对景观生态过程有极大的影响(图3-17)。

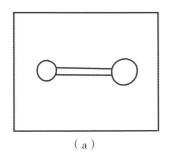
(a)

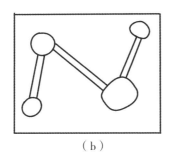
(b)

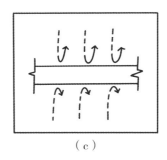
(c)

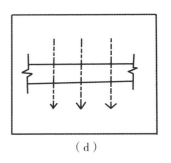
(d)

图3-17 廊道概念及功能

(a)廊道的连接功能;(b)廊道的通道功能;(c)廊道的隔离功能;(d)廊道的过滤功能

3.3.4 廊道的结构特征及其生态功能

1. 廊道的宽度与曲度

1)廊道宽度

廊道宽度对沿着廊道或者穿越廊道的物种迁移、生物多样性维持以及物质能量流有重要影响。廊道宽度不同,边缘效应的影响不同,边缘种及内部种变化幅度也不同。非常窄的廊道几乎不存在内部种,只有较宽的廊道才会拥有较好的核心环境来支持内部种[图3-18(a)、图3-18(b)]。

2)廊道曲度

廊道的曲度是指廊道的弯曲程度。一般来说,廊道越直,距离越短,能量、物质和生物个体在廊道中流动或者迁徙消耗的时间越短。但廊道的弯曲却能够提供更多的异质生境,提高廊道内的物质多样性。例如,河流弯曲处形成的洼地,往往截留和积累丰富的有机物,为水生动物提供觅食和繁殖的场所,同时也有利于生物躲避湍急水流和捕食者[图3-18(c)、图3-18(d)]。

2. 廊道的连续性

廊道的连续性(连通性)是测度廊道结构特征的基本指标,指廊道如何连接或在空间上的连续程度,一般用单位长度上间断区的数目和长度表示。廊道上的间断区会阻止物种沿着廊道迁移,其影响程度主要取决于目标物种的迁移能力、间断区长度以及间断区与廊道组成成分的对比度（包括物种对这种对比度的敏感度）。一旦间断区超过某一临界值，就会形成障碍，导致一些物种无法穿越。这时就需要及时修复间断区，保证物种迁移（图3-19）。

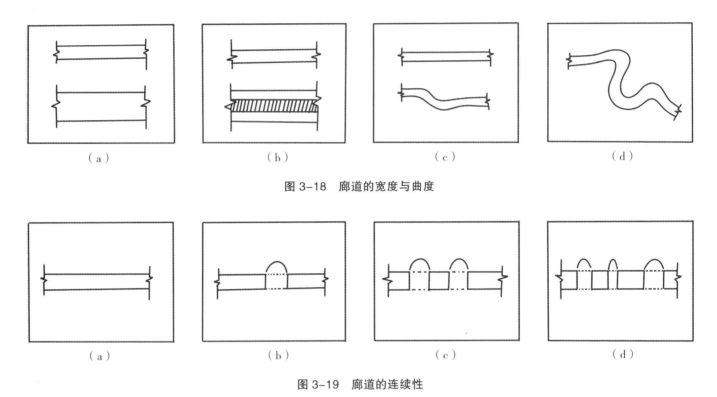

图 3-18　廊道的宽度与曲度

图 3-19　廊道的连续性

3.4　水流调控设计

3.4.1　水流的水平运动

水流的水平运动主要表现为水在重力作用下以河流、地表径流和地下径流的形式流动。当降水强度超过地表入渗能力时，未及时入渗的水在重力作用下沿着坡面向低洼处流动形成地表径流。水流的水平运动与地势高低、地表植被覆盖物有关，也与土壤质地和结构有关。

3.4.2 现状径流利用与调控

在方案设计之前,需要调研场地的现状径流并绘制场地径流路线图,明确径流流向,分清径流主流和径流支流。场地内部水流应当尽可能就地利用,结合设计需要适当调整径路路线及形态,并在径流主要路径上或径流的末端设计径流收集塘(图3-20中阴影部分)。场地内的径流包括过境径流(如穿过基地的河流、溪流、季节性径流水沟等)[图3-20(a)]、内向型径流(流向基地内部,基地中心低洼)[图3-20(e)]和外向型径流(流向基地周边,基地中心高、四周低)[图3-20(g)]。

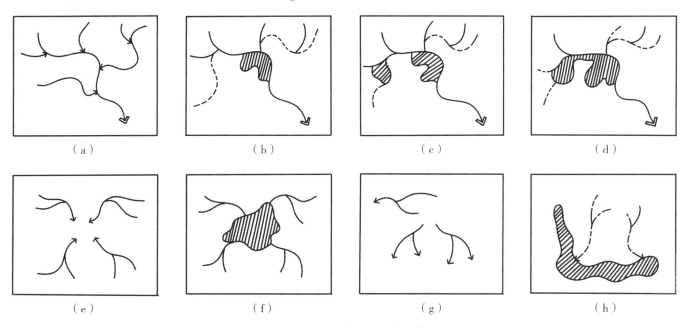

图3-20 场地径流利用与调控

(a)场地现状径流路线图,过境场地型;(b)初步调整径流路线图;(c)场地径流设计方案A;(d)场地径流设计方案B;(e)内向型径流路线图;(f)内向型径流汇集,中心设计雨水收集池;(g)外向型径流;(h)外向型径流及雨水收集池

3.4.3 硬质场地径流调控

硬质场地透水性差,大多数硬化场地为非透水面,降水降落至硬化面后会快速形成径流。因此,不管是道路还是各类硬化活动场地都要规划好径流雨水的流向路径以及利用方式。道路硬化面可以沿道路两侧设计植草沟,直接吸纳道路路面径流,也可以将道路径流通过道路两侧的沟槽进行传输,传输的距离不宜太远,应在场地设计范围内进行利用。多条园路组成的路网,可以在路网围合空间内设计下沉式绿地,收集雨水。硬质活动场地,可

以直接向周边排放径流,也可以通过一侧或两侧设置植草沟传输径流,并在场地范围内进行利用。连续的硬化场地可在其围合空间内设计下沉式绿地收集雨水(图3-21)。

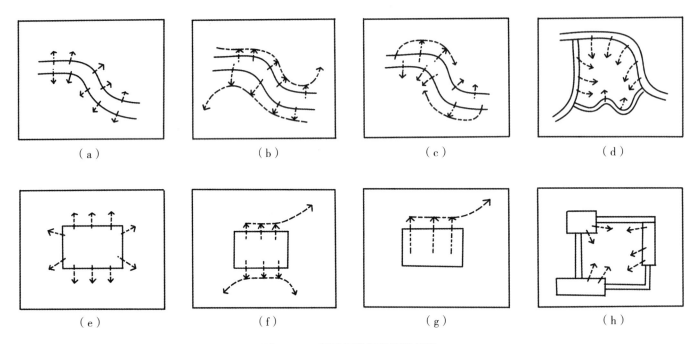

图3-21 硬质场地径流调控设计

(a)道路两侧植草沟排水;(b)道路两侧植草沟排水并转移径流;(c)植草沟与下沉洼地相结合;(d)向道路围合的中心排放径流,中心设置下沉式绿地;(e)硬质场地向四周排水;(f)硬质场地两侧排水,并转移其他下沉式绿地;(g)硬质场地单侧排水,并转移远端下沉式绿地或水域;(h)向硬质场地围合空间中心排放径流

3.4.4 水流调控的竖向设计

竖向设计是影响水流的水平运动的直接因素。在软质场地中,可结合水流规划设计植草沟、下沉式绿地、雨水塘以及雨水渗透井。雨水渗透井一般设置在软硬质交界处,用来接纳硬质下垫面径流雨水。在硬质空间中,径流的流向跟硬质下垫面倾斜方向有关,如单向倾斜面、双向或多向倾斜面,也可以设置挡水坎来控制径流方向(图3-22)。

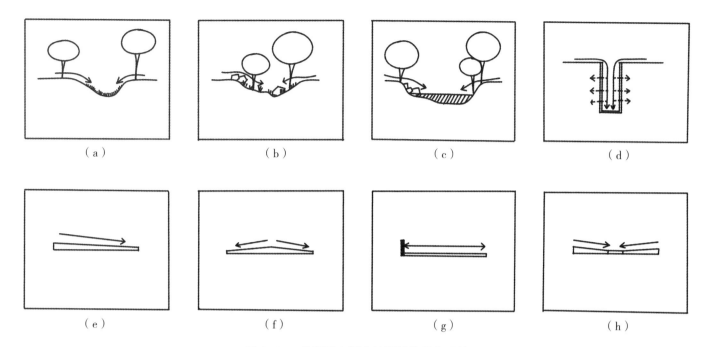

图 3-22 软硬质空间水流调控的竖向设计

（a）植草沟槽（下沉式绿地沟槽型）；（b）下沉式绿地；（c）雨水湿塘；（d）雨水渗井；（e）硬化场地单侧排水；（f）硬化场地双侧或多侧排水；（g）硬化场地一侧或多侧设置挡水坎，引导径流；（h）硬化场地内部中心排水

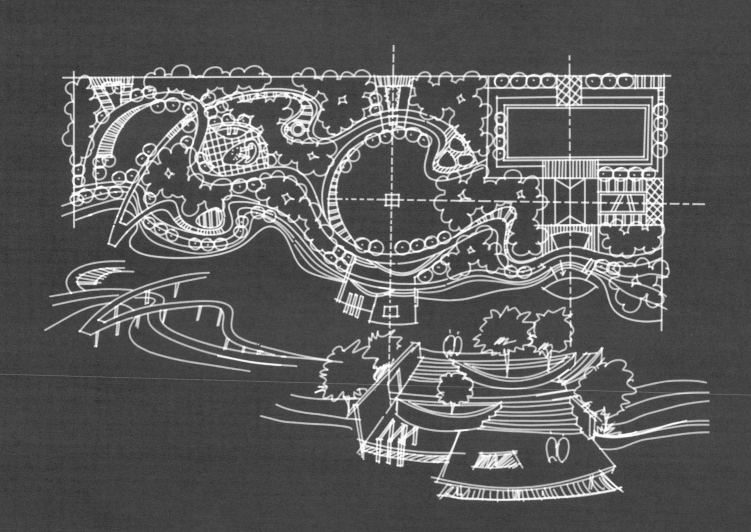

4 风景园林快速方案设计案例

4.1 别墅庭院与小游园设计

4.1.1 城郊别墅及庭院设计

1. 基地概况

基地位于某城市郊区,总占地面积为 565 m² (图 4-1),基地现状整体较为平坦,内部高程为 0.000 m。基地北侧为竹林,景观良好。南侧为现状道路和池塘(路宽 5 m,水泥路面,与基地相邻路段高程为 -0.500;小池塘常水位高程为 -2.700 m,水质良好)。基地东西两侧为现状建筑(1～2 层为自建住宅建筑)。基地南侧空间较为开阔,无高层建筑和大型乔木遮挡。

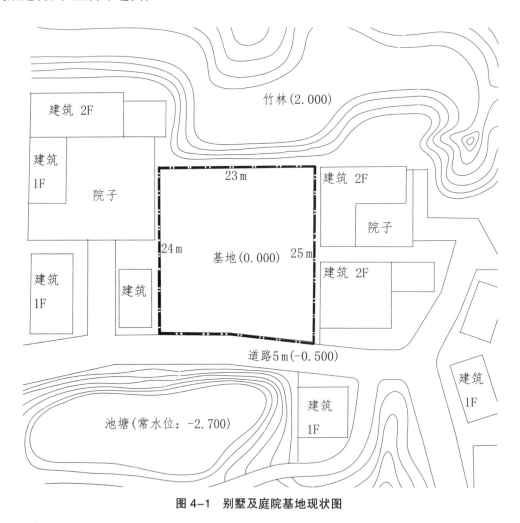

图 4-1 别墅及庭院基地现状图

2. 设计要求

① 别墅建筑层数为 2～3 层，建筑功能布局合理；

② 庭院景观流线布置合理，满足基本功能要求；

③ 设计观景凉亭一个，可结合草坪或水池进行设计。

3. 设计方案

别墅建筑一层及庭院设计方案草图见图 4-2、图 4-3，方案源于环境设计专业"庭院设计"课程练习作业。

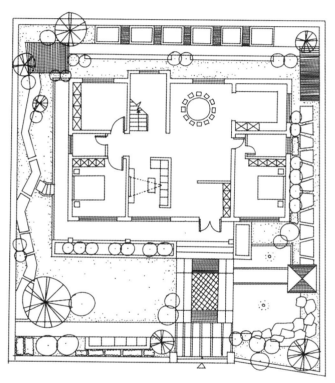

图 4-2　别墅一层及庭院设计方案 A 草图

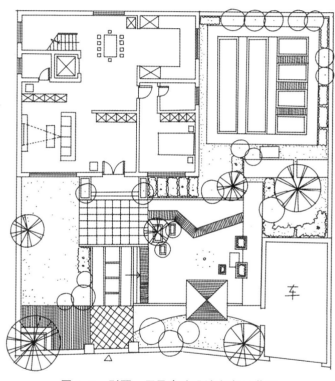

图 4-3　别墅一层及庭院设计方案 B 草图

4. 方案评价

两个方案基本上满足设计要求。方案 A 建筑功能布局合理，庭院南侧入户，建筑坐落于基地中部偏北位置，庭院空间环绕建筑，南侧庭院面积较大，布置了景观鱼池和小型活动草坪，北侧庭院设计了小型菜池供业主日常种植。方案 B 将建筑布置于基地的西北角，南侧及东侧拥有较大的庭院空间，设计了停车库、小型锦鲤池，东北角设计了菜地，流线清楚。但种植的细节较少，建筑空间设计不够丰富，空间形式较为单一。

4.1.2 城市街头绿地景观设计

1. 基地概况

该地段位于某东南滨水城市,基地现状见图 4-4,基地西侧和南侧是城市支路,北侧是消防通道,连接菜市场和社区服务中心,东侧是待规划的滨水商业街。地块内部东北侧是地下人防出入口,覆土 2.1 m,其中东侧的人防口与社区服务中心相连。地段东南角有一处景观池塘,面积约 2180 m²,与外侧水域有一条涵管相连。

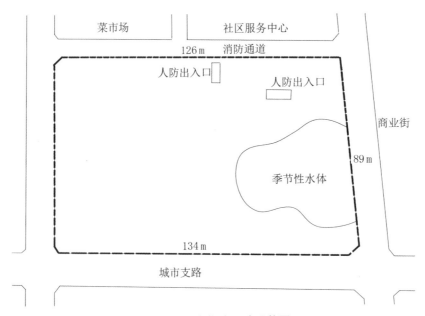

图 4-4 城市街头绿地现状图

2. 设计要求

①考虑海绵城市的理念;

②规划设计 1500 m² 的下沉式绿地;

③规划设计一处适合全年龄段的活动区,作为健身休闲区;

④景观池塘边坡可改变形状,面积变动 10% 以内;

⑤需要设计一个篮球场(28 m×15 m),门球场(22 m×17 m),位置自定;

⑥需要设计儿童活动区,面积不少于 1000 m²,进行铺装、绿化、灯具等详细设计。

3. 设计方案

城市街头绿地景观设计方案草图见图 4-5,方案源于风景园林专业"快题设计"课程,高校研究生入学考试真题专项练习作业。

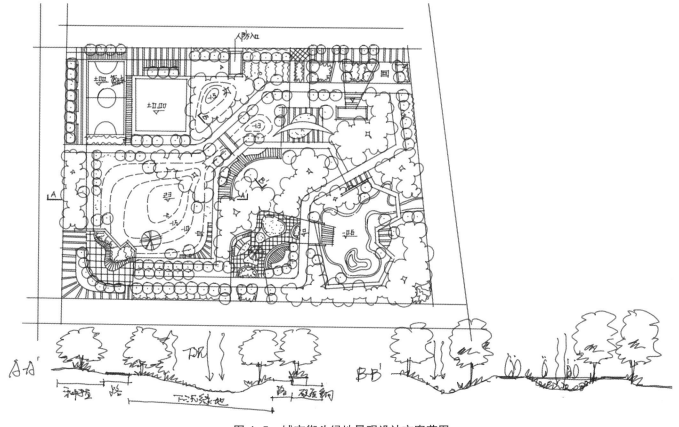

图 4-5 城市街头绿地景观设计方案草图

4. 方案评价

方案设计整体构思新颖,交通流线设计层次分明。基地内部保留有一块水域,此方案设计对水域边界做了调整,但水域设计面积相对原有面积有所减少,面积变动超过 10%,应尽可能让规划设计前后的水域面积保持基本不变或按照空间造景需要适当扩大水域面积,水域面积的减少会大大降低场地的水容纳量。

4.1.3 城市街头游园设计

1. 基地概况

某滨江新城计划在沿江青少年科技中心前,将城市规划预留的三角形绿化用地(图 4-6)建设为街头休闲小公园,整体面积约 1 hm²,考虑到小公园附近人流集散较多,科技文化活动气氛较浓,沿江视野开阔,确定将城市标志性雕塑(基座 4 m × 7 m)设在小公园内。

2. 设计要求

①雕塑要求能与其他园林要素配合成为公园与街道主景，具体位置自定；
②小公园免费开放，对原地形（见基地现状图）允许进行合理利用及改造，尽可能利用原有树木；
③园内可设少量园林服务性建筑，如音乐茶座、小卖部、亭、管理用房、厕所等。

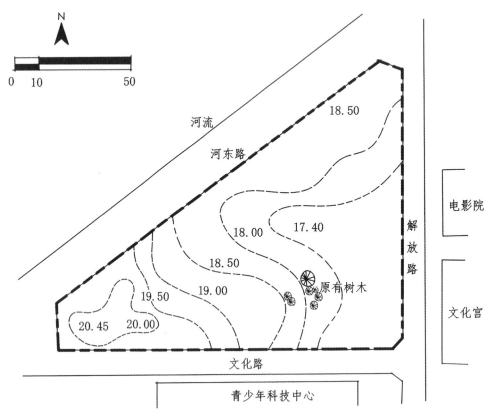

图 4-6　城市街头游园基地现状图（单位：m）

3. 设计方案

城市街头游园设计方案草图见图 4-7，方案源于风景园林专业"快题设计"课程，高校研究生入学考试真题专项练习作业。

4. 方案评价

方案设计结构逻辑清晰，内部地形特征在其中得以保留，局部配合设计需要做了微调。设计任务要求设计一座城市标志性雕塑，方案将其安排在轴线中间，成为整个空间主要核心节点之一。各类型功能空间围绕中心草坪进行布局，尚未完成细节设计，结构设计层面总体满足设计任务要求。

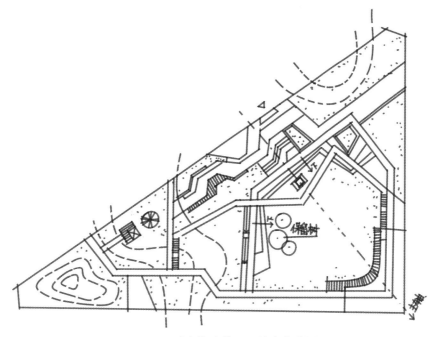

图 4-7 城市街头游园设计方案草图

5. 其他方案

城市街头游园设计其他方案草图见图 4-8，方案源于风景园林专业"快题设计"课程，高校研究生入学考试真题专项练习作业。

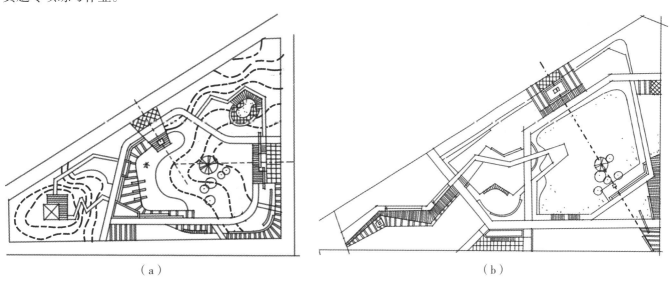

(a)　　　　　　　　　　　　　　　(b)

图 4-8 城市街头游园设计其他方案草图

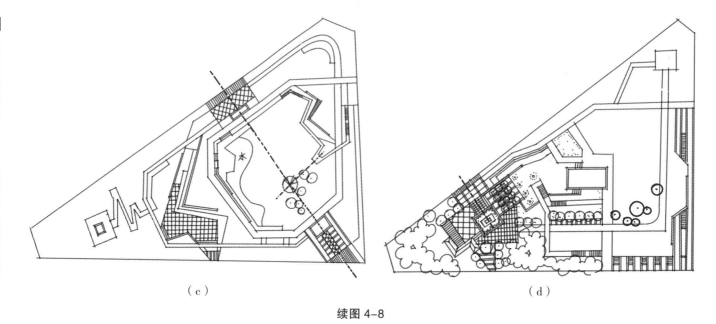

(c) (d)

续图 4-8

4.1.4 城郊小游园景观设计

1. 基地概况

场地位于某城市近郊,基地北侧为自然山体和一条支路。基地东侧为规划的商业区,西侧为市民文化馆,南侧为现状居住区,规划设计场地面积为 1.5 hm²,内有两处现状水塘,在方案设计中可以适当对其进行改造处理。基地东侧有若干银杏树保留,场地中部有一段陡坡,其余区域地形较为平坦(图 4-9)。

2. 设计要求

①根据场地周边环境,规划设计机动车停车场(30 个机动车停车位)和一个非机动车停车场,非机动车停车场规模自定;

②规划设计一座 600 m² 公共服务建筑,合理组织景观要素与建筑设计;

③合理利用场地内部现状要素造景。

3. 设计方案

城郊小游园设计方案草图见图 4-10,方案源于风景园林专业"快题设计"课程,高校研究生入学考试真题专项练习作业。

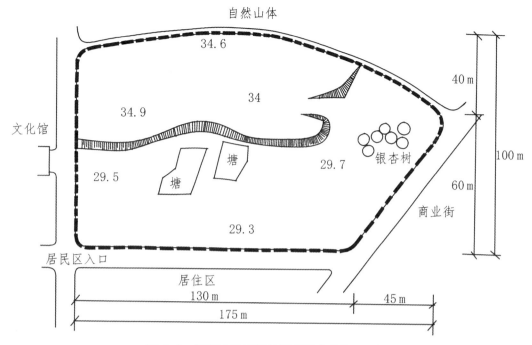

图 4-9 城郊小游园基地现状图（单位：m）

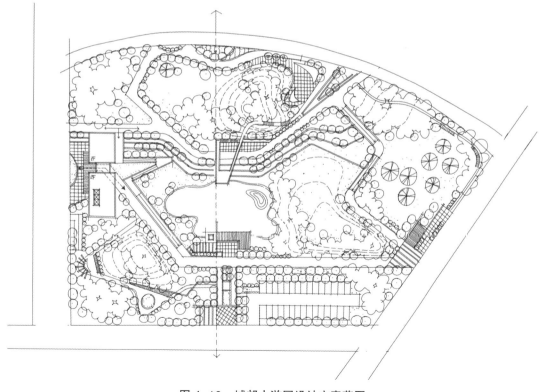

图 4-10 城郊小游园设计方案草图

4. 方案评价

方案总体路网结构清晰，保留要素也得到了较为合理的利用。对现状基地中部的陡坡进行了局部调整，将水塘合二为一，形成一个较大的水面，并设计亲水空间，总体设计符合任务要求。但主题、功能定位不是很明确，可以结合场地周边用地现状和人群需求进一步明确各类空间的功能。

4.2 城市社区公园设计

4.2.1 翠湖公园景观方案设计

1. 基地概况

某城市一社区旁公共绿地（120 m×86.83 m 的长方形地块）占地面积 10320 m²（图 4-11），拟规划为社区公园，为周边社区居民及游客提供一个具有吸引力的公共空间。基地东西两侧分别为居住区 A 区和 B 区，A、B 两区有墙围合。但 A、B 两区各有一处行人出入口与公园相通。该园南侧临湖，北依人民路与商业区隔街相望，该公园现状地形为平地，其标高为 47.0 m，人民路路面标高为 46.6 m，湖面常水位标高为 46.0 m。

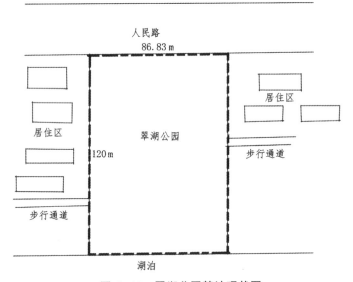

图 4-11 翠湖公园基地现状图

2. 设计要求

①借鉴中国传统园林空间处理手法，将公园建设成为具有现代风格的开放型公园；
②规划设计现代风格小卖部 1 个（18～20 m²）、露天茶座 1 个（50～70 m²）、喷泉 1 个、雕塑 1～2 座、

厕所 1 个（16～20 m²），休憩广场 2～3 个（总面积 300～500 m²）；

③主路宽 4m，次路宽 2m，小径宽 0.8～1m；

④公园北部应设 200～250 m² 机动车停车场。

3. 设计方案

翠湖公园设计方案草图见图 4-12、图 4-13，方案源于风景园林专业"快题设计"课程，城市社区公园设计专项练习作业。

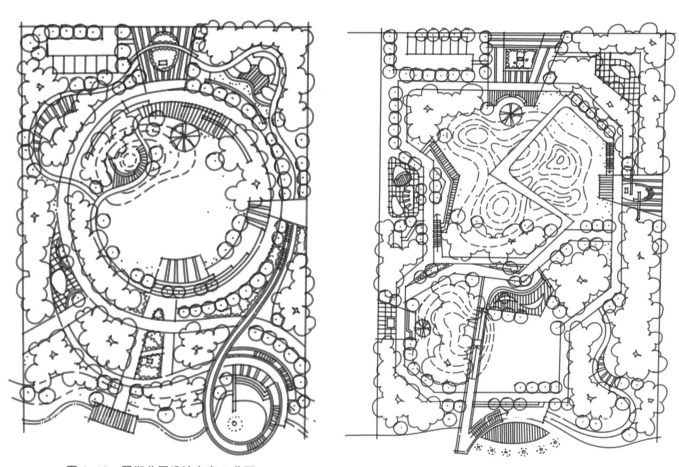

图 4-12 翠湖公园设计方案 A 草图　　　　图 4-13 翠湖公园设计方案 B 草图

4. 方案评价

方案 A 路网设计清楚、衔接合理，基地中心布置开敞草坪，空间尺度具有大小对比，南侧滨水空间利用架空步道结合滨水广场进行设计，空间竖向变化灵活，能够提供较好的游憩体验感（图 4-12）。方案 B 采用折线形式，空间功能布局合理（图4-13）。两个方案整体结构均较为清楚，停车场布置于基地北侧。需要注意的是两个方案停车场尺度表达要合理，滨水亲水平台应结合水位尺度控制好高度，并将设计高程标注于图纸之上，概念性方案中不能出现明显的尺度错误。

4.2.2 城市社区公共绿地景观设计

1. 基地概况

基地为某大型居住社区的公共绿地，基地北侧为土著景观大道，为城市主路，南侧为城市河流，与基地隔河而望的是居住区，西侧为社区商业中心，基地总面积为10560 m²（图4-14）。

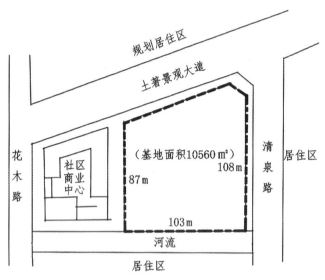

图4-14 社区公共绿地基地现状图

2. 设计要求

①主题自定，合理组织各功能空间及流线；

②场地设计需要满足周边居民日常生活及其娱乐使用；

③结合南侧河流，规划设计滨水空间，满足居民及游客亲水、游憩需要；

④场地内部需要规划设计一个阳光草坪作为市民集体活动的场所，草坪的位置、面积自定。

3. 设计方案

社区公园设计方案草图见图4-15、图4-16，方案源于风景园林专业"快题设计"课程，高校研究生入学考试真题专项练习作业。

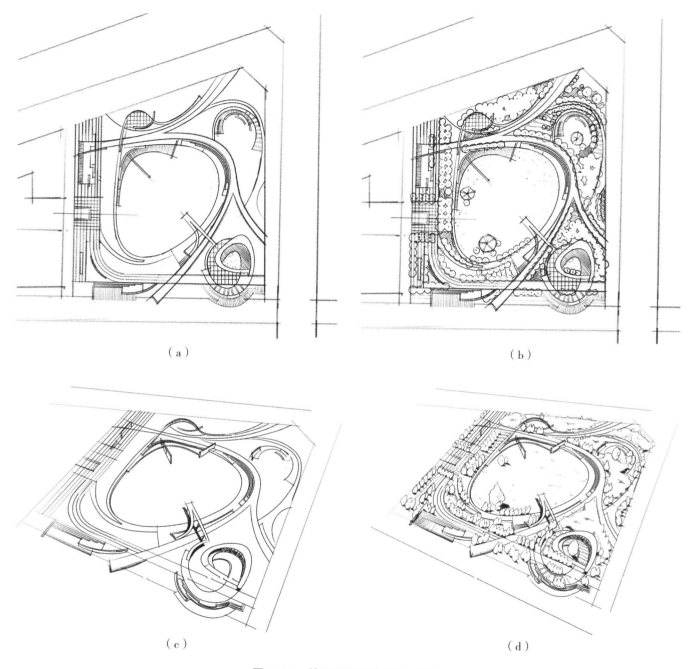

图 4-15 社区公园设计方案 A 草图

（a）方案设计结构草图，完成路网和节点布置；（b）方案草图深化图纸；（c）方案鸟瞰图结构图，注意透视表达；（d）方案鸟瞰图深化图，注意植物表达以及内部空间的遮挡关系

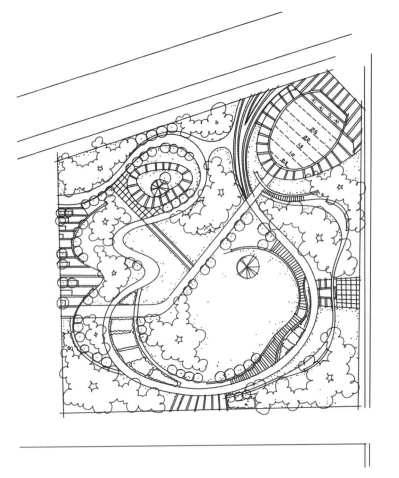

图 4-16 社区公园设计方案 B 草图

4. 方案评价

两个方案结构整体性好,尤其是方案 A,路网结构清晰,围绕中心草坪布置各类空间。鸟瞰图也表现得较为清楚,不足之处在于空间细节表现较少,功能表现略显单一,具体的活动空间类型尚未设计清楚;方案 B 中种植设计应注意竖向空间层次性,应将乔木、灌木、花草组合搭配,形成具有较高丰富度的种植景观。

4.2.3 社区滨河小游园设计

1. 基地概况

南方某城市拟利用旧民居东侧场地规划建设一座社区滨河小游园,以提升城市区域环境风貌,满足市民日益增长的户外活动需求。场地现状为城市老城区棚户区拆迁后遗留区域,规划已调整该用地类型。基地内部原有破败建筑均已拆除，内部保留了四棵银杏树（树龄超过 15 年），长势良好。场地东侧为现代居住区和现状滨湖绿地景观，北侧为城市商业综合体及长江东大街（城市主干道，车流及人流量较大）。西侧为城市支路及旧居民区（区内建筑为多层红砖建筑，其余地块建筑为高层建筑）。场地地形如图 4-17 所示，常水位为 14.5 m，夏季丰水期水位为 16.0 m。

2. 设计要求

①充分尊重场地现状进行空间功能布局；
②结合水位及地形特征进行滨水空间设计，满足市民亲水休闲需求，同时做好城市防洪设计；
③保留现状植物并进行合理造景；
④结合场地分析设计功能空间，合理限定空间尺度。

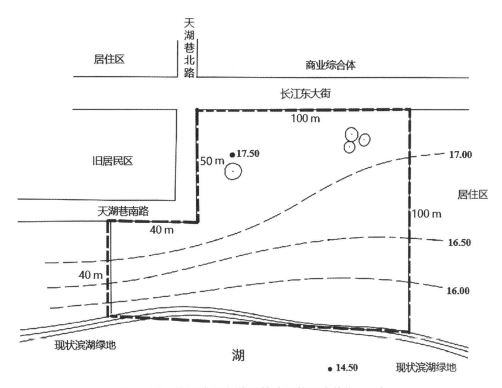

图 4-17 社区滨河小游园基地现状图（单位：m）

3. 设计方案

社区滨河小游园设计方案草图见图 4-18～图 4-21，方案源于风景园林专业"快题设计"课程，社区公园专项训练作业。

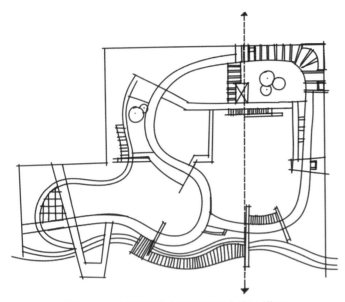

图 4-18 社区滨河小游园设计方案 A 草图

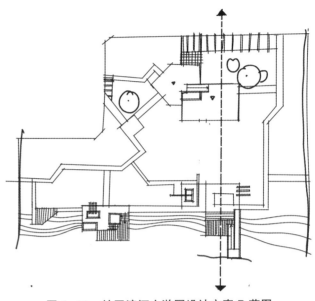

图 4-19 社区滨河小游园设计方案 B 草图

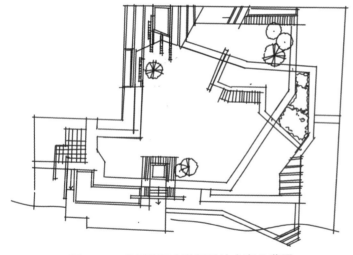

图 4-20 社区滨河小游园设计方案 C 草图

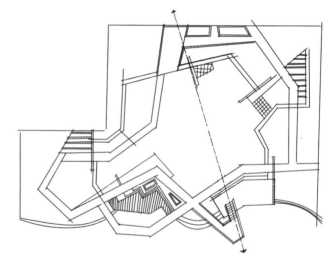

图 4-21 社区滨河小游园设计方案 D 草图

4. 方案评价

以上四套方案均为设计草图，均完成了基地内部路网设计和节点布局。从空间上看，四套方案内部空间划分各有特色，其中方案 A 的路网形式和空间处理总体上略优于其他方案。方案 B、C、D 主要采用折线线形，结构逻辑性强，但也存在一些细节问题需要进一步完善，如园路细节中园路转弯角度、园路尺度和层次存在不合理和不清晰的地方。

4.3 历史文化景观更新与设计

4.3.1 历史村落景观更新与设计

1. 基地概况

场地位于江南地区某城市,场地面积约为 5 hm²(图 4-22)。场地西侧为乡村现状道路,场地内部有若干民宅、若干水塘以及一处八角亭,场地内部水塘可以适当修改形态。基地高差变化较大,其中北侧高程为 66.5 m,南侧水体常水位为 56.2 m。

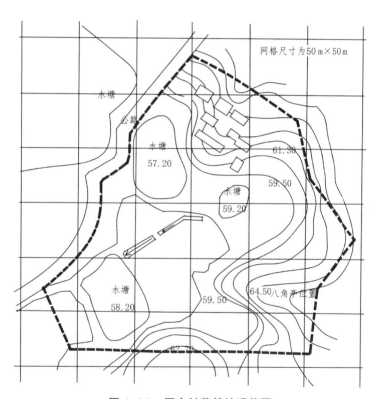

图 4-22 历史村落基地现状图

2. 设计要求

①结合场地现状条件打造特色乡村景观;

②场地西侧为乡村主路,不可以更改或调整,其他三个方位均有山体包围,场地北部有部分民房,可根据设计更改调整,但要保持总建筑面积不变;

③根据保留八角亭设置停留休憩节点，周围应设置游步道；

④场地内拟设置 300 m²（面积可上下浮动 10%）村史馆用于宣传展览；

⑤集中设置 30 辆小轿车和 4 辆中巴停车场，位置自定。

3. 设计方案

设计方案草图见图 4-23，方案源于风景园林专业"快题设计"课程，高校研究生入学考试真题专项练习作业。

4. 方案评价

本设计方案对场地原有要素进行了最大限度的保留，八角亭结合西侧主要出入口构建场地主要轴线贯穿东西，对原有水塘进行了形态优化，使其具备水资源储备、水环境观赏等多方面要求。结合水塘，在场地较为平整的区域设计农业种植景观。对民宅进行保留，通过合理的硬化设计和流线疏通，将其与整个空间结构融为一体。设计总体上符合任务书要求，但在民宅场地设计中，需要注意高差变化在硬质空间中的准确表达。

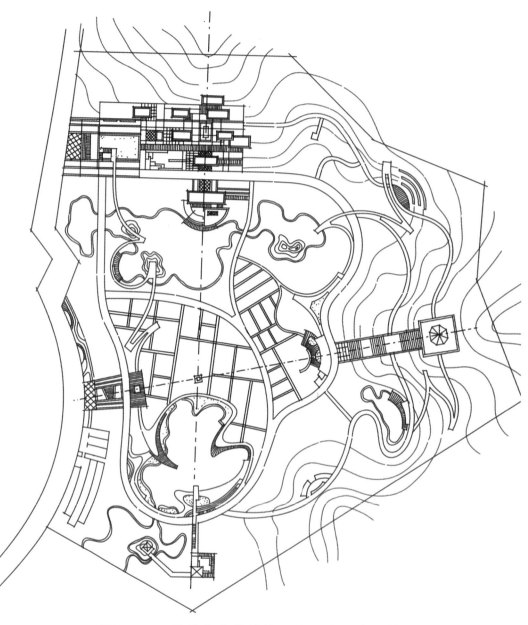

图 4-23　设计方案的结构及主要空间布局草图

4.3.2 历史文化街区小型游园设计

1. 基地概况

基地位于苏南某城市，设计地块位于当地知名的老街巷，基地周边建筑风貌特征较为统一，以 1～2 层为主，其中部分建筑为当地省级文物保护单位。基地北侧为现状滨河观景道路及现状河流，河流除了承担当地水文、生态功能，还作为当地知名的水上游览线路，供小型人力游船使用。河流驳岸为石砌驳岸，常水位与基地高差为 1.5 m。基地内部保留有一处建筑和若干乔木，整体地形平坦（图 4-24）。

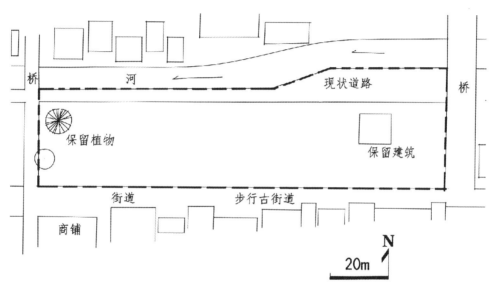

图 4-24　历史文化街区小型游园基地现状图

2. 设计要求

① 充分研究现状特征，组织空间及流线设计；
② 设计一个小型游船码头，供游船靠岸及游客集散；
③ 设计亭廊一处，可组合设计也可分开设计，组织好视线；
④ 设计一处户外展演区，供历史文化展示及作为当地非遗露天表演场地；
⑤ 其他功能自定。

3. 设计方案

历史文化街区小型游园设计方案草图见图 4-25、图 4-26，方案源于风景园林专业"场地规划与园林建筑设计"课程练习作业。

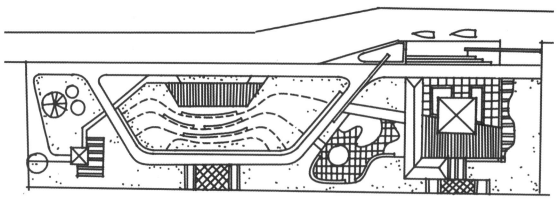

图 4-25　某历史文化街区小型游园设计方案 A 草图

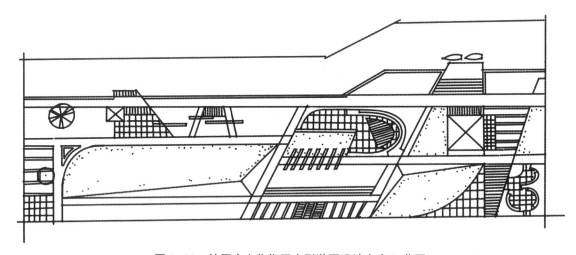

图 4-26　某历史文化街区小型游园设计方案 B 草图

4. 方案评价

两个方案都对场地内现状要素进行了合理保护和利用。方案结构清晰、形式统一协调，总体上基本满足了设计任务的要求。方案 A 对空间的处理略显拘谨，靠近街道的空间利用不够灵活，基地沿街道缺少必要的休息活动空间。方案 B 中的露天表演区尺度略小，滨水空间尤其是游船码头的竖向设计应结合现状水位变化高程。

5. 其他方案

历史文化街区小型游园设计其他方案草图见图 4-27、图 4-28，方案源于风景园林专业"场地规划与园林建筑设计"课程练习作业。

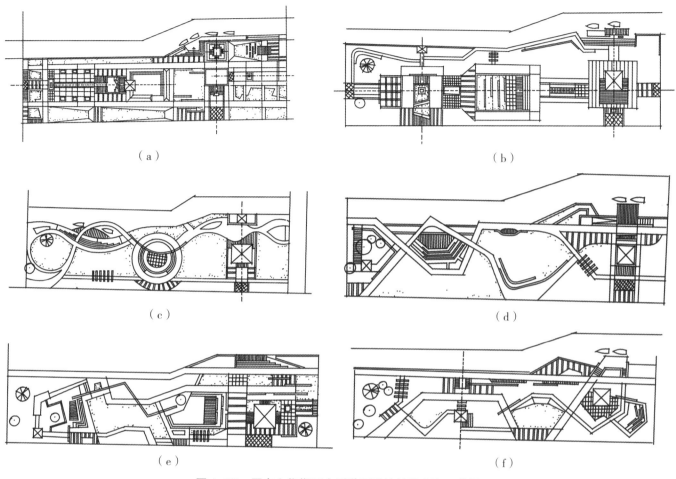

图 4-27 历史文化街区小型游园设计其他方案 A 草图

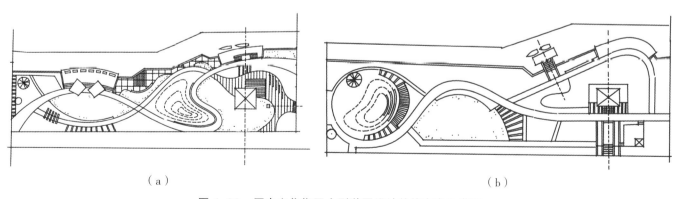

图 4-28 历史文化街区小型游园设计其他方案 B 草图

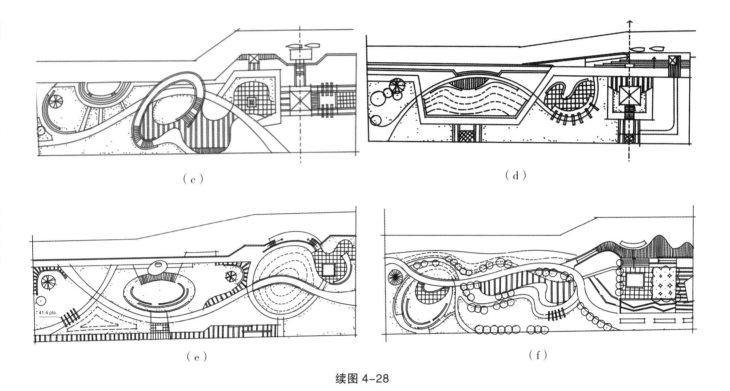

续图 4-28

4.3.3 传统骑楼街道公共绿地景观设计

1. 基地概况

场地位于岭南某城市商业区,用地面积约为 6000 m²,东西约 160 m,南北约 38 m(图 4-29),场地北侧为 4 层传统的商业楼以及通往内部步行街的步行通道,西北侧为 15 层写字楼,底层为 6 层的商业楼裙楼;场地西侧已建设一处过街天桥,人流较多;场地东侧为 4 层的骑楼以及通往东侧商业街的步行通道。场地内部标高为 1.3～1.5 m,城市道路竖向标高为 0.00 m,并且保留了一处残存的历史骑楼(2 层,平面为梯形)以及一处 4 层高的骑楼(注意首层层高为 5 m),注意场地内部有一棵保留的古树木,沿街保留了部分行道树,可以根据功能进行树木移植。

2. 设计要求

①场地定位为岭南骑楼街道景观设计;
②场地局部存在高差,注意无障碍设施设计;
③场地历史要素需要充分保留并结合总体设计构思进行利用;

④设置一条不小于 2 m 的东西方向的城市绿道;

⑤需要设置一处满足 35 个机动车停车需求的地面停车场和一处非机动车停车场(面积自定)。

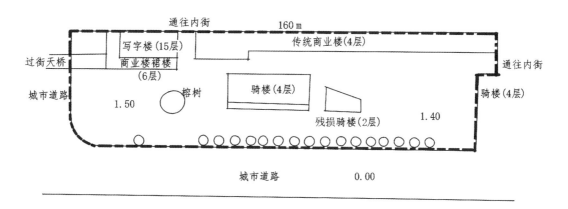

图 4-29　传统骑楼街道公共绿地基地现状图

3. 设计方案

传统骑楼街道公共绿地景观设计方案草图见图 4-30,方案源于风景园林专业"快题设计"课程,高校研究生入学考试真题专项练习作业。

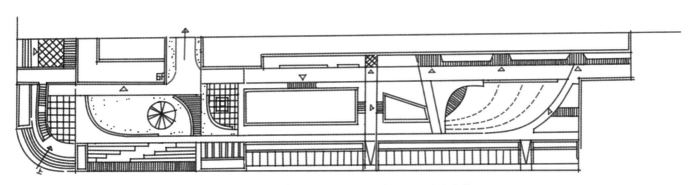

图 4-30　传统骑楼街道公共绿地景观设计方案草图

4. 方案评价

该地块面积较小,周边为传统文化街区,基地内部有保留要素需要利用,场地内部流线需要合理布局才能提高空间使用效率。方案采用现代设计语言来谋划组织空间结构和要素。传统元素符号的运用则需要通过细节来表现,如在铺装、雕塑以及各种装饰性要素的设计上,可以通过各类要素的纹理、材质、色彩来表现,将其与传统街区风貌相匹配。从方案的结构图纸上看,总体上满足设计任务要求。

4.4 乡村振兴与乡村景观规划设计

4.4.1 新农村社区入口景观设计

1. 基地概况

设计地块占地约 7450 m²，位于安徽省芜湖市某县一新建的新农村社区入口处（图 4-31）。该社区占地面积约为 24.5 hm²（367.5 亩），总建筑面积约为 31 万 m²，其中高层住宅约 10 万 m²，多层住宅约 26 万 m²，社区还配备了较为完备的农贸市场、幼儿园、商铺、超市、物业用房、文化活动中心、医疗室等公共服务设施，村委会办公楼也位于社区入口处。拟搬入该社区的 2104 户居民均为原居住在本村及邻近村庄的农民，他们中的大部分人在附近的农业园区或乡镇企业工作，小部分人继续务农。设计地块位于社区北部，北侧为过境乡道，乡道北侧为省级农业园区用地；地块东侧为社区南北向主干道；地块西侧是为社区居民及周边村民服务的农贸市场（建筑面积约 6000 m²）。地块内南侧有村委会办公楼和村民文化活动中心。设计地块原有村民菜地，地势较为平整，基地内有胸径约 60 cm 的樟树 3 棵。

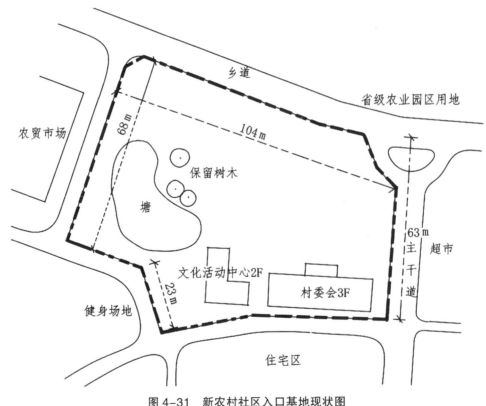

图 4-31 新农村社区入口基地现状图

2. 设计要求

①在分析地块及其周边情况的基础上，自拟主题进行景观方案设计；
②将此地块建成一处既能满足社区居民日常生活休闲需要，又能满足周边地块功能要求的开放式游园；
③相关经济技术指标和设计要素组成由设计者自行分析确定。

3. 设计方案

新农村社区入口景观设计方案草图见图4-32，方案源于风景园林专业"快题设计"课程，高校研究生入学考试真题专项练习作业。

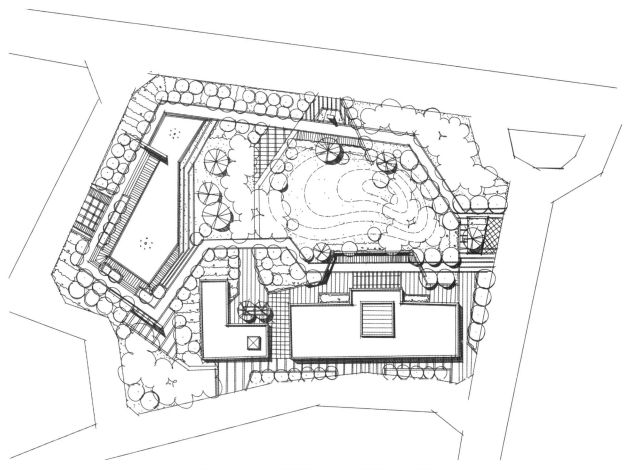

图4-32 新农村社区入口景观设计方案草图

4. 方案评价

方案整体的表现较为清楚，现状建筑周边空间利用合理，尺度适宜。现状树木结合流线组织，进行了景观化利用。现状池塘修改了其水岸形态和驳岸形式，其结构与整体路网形态相协调，但设计手法略显生硬，过于"城市化"的设计形式缺乏乡村韵味。

4.4.2 岭南传统村落公共空间景观设计

1. 基地概况

基地北侧、西侧为村民自建房，东侧为主路，南侧与学校隔街相邻，在基地西北方向有一处现状祠堂和两栋自建房民宅（图4-33），设计地块总体面积为7200 m²。基地内部保留有一处文化建筑（2F）、两棵古树、一处水塘（常水位为8.0 m）。

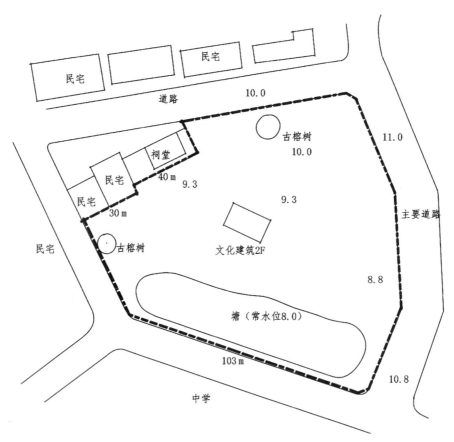

图4-33 岭南传统村落公共空间基地现状图（单位：m）

2. 设计要求

①规划设计戏台建筑一栋，100 m²左右，符合江南建筑风格，歇山顶；

②设计一定规模的戏曲观赏区,观赏区与戏台建筑结合设计;

③规划设计 10 个车位的小汽车停车场;

④方案设计应符合岭南造园风格,注意高差处理,与周围环境结合,注意无障碍设计;

⑤场地内有一处水塘,在方案设计中可以适当修改岸线;

⑥结合保留建筑及古榕树进行造景设计。

3. 设计方案

岭南传统村落公共空间设计方案草图见图 4-34、图 4-35,方案源于风景园林专业"快题设计"课程,高校研究生入学考试真题专项练习作业。

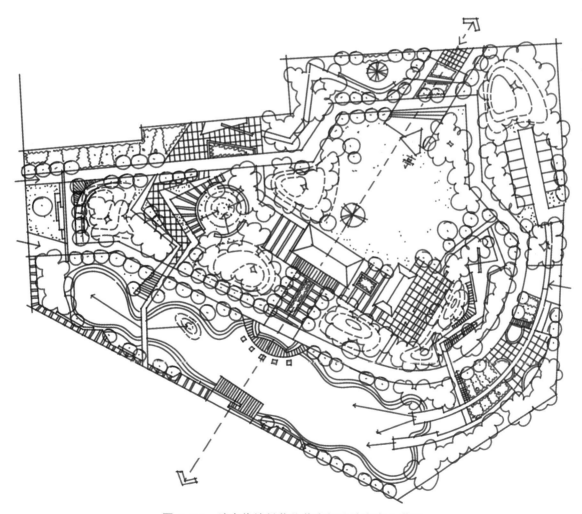

图 4-34 岭南传统村落公共空间设计方案 A 草图

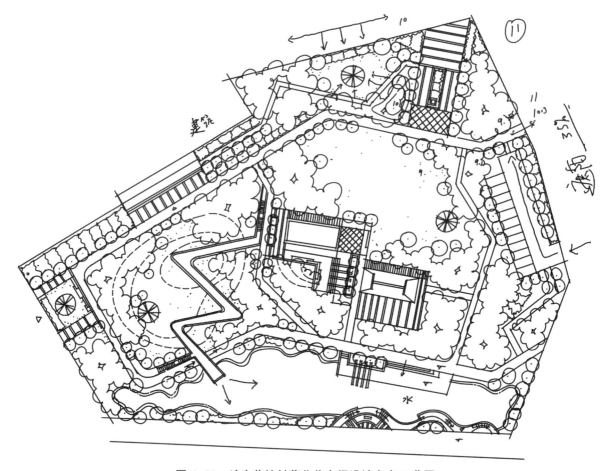

图 4-35 岭南传统村落公共空间设计方案 B 草图

4. 方案评价

方案设计要求体现岭南风格。岭南园林的风格特征主要表现为规模较小、建筑组合密集紧凑、理水手法不拘一格、热带风光明显、建筑形象轻盈通透、装修精美华丽，并具有多元兼容的文化特点。两个方案空间组织合理，但岭南风格特征在平面图上表现不突出，特征不明显。方案 A 通过轴线布局节点，空间秩序感强。方案 B 中池塘驳岸营造了多种亲水空间，两个方案场地内部保留要素设计较为得当。

4.4.3 乡村村口公共绿地景观设计

1. 基地概况

中国江南地区某村庄，需要大力发展当地旅游经济，为适应旅游业发展以及当地居民不断增长的休闲活动需求，现准备对村庄入口处集中绿地进行重新规划设计，将其打造为农业观光旅游区的入口，基地面积为15800 m²。基地北侧为河流以及山地，南侧为现状村庄，西侧为河流，东侧为现状农田。山地被亚热带常绿阔叶林覆盖，生态条件较好（图4-36）。设计场地为湿陷性土地，原村口河床为沙子，质地松软，水渗透较快，村内建筑使用的材料主要为鹅卵石，鹅卵石路也是该村的一大特色。场地中间有一处现状水泥地，场地由南至北由一条环路绕过。

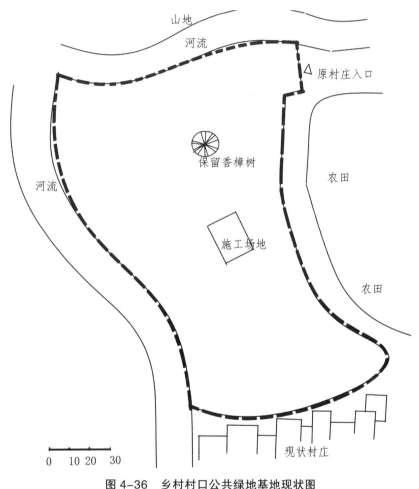

图4-36 乡村村口公共绿地基地现状图

2. 设计要求

①场地既要便于景区入口的人流集散，同时还要满足周围居民休闲、活动、交往的需求；

②该设计地块周边已规划大型停车场，故场地内无须设置停车场；

③场地中要规划一处服务建筑，总建筑面积200 m²左右，用作管理、厕所、小卖部、活动室；

④景区内部建筑为中式风格,可适当结合中式建筑元素来营造景观空间;
⑤要求尊重场地现状特征,因地制宜,注意场地高差处理。

3. 设计方案

乡村村口公共绿地景观设计方案草图见图 4-37、图 4-38,方案源于风景园林专业"园林设计初步"课程设计作业。

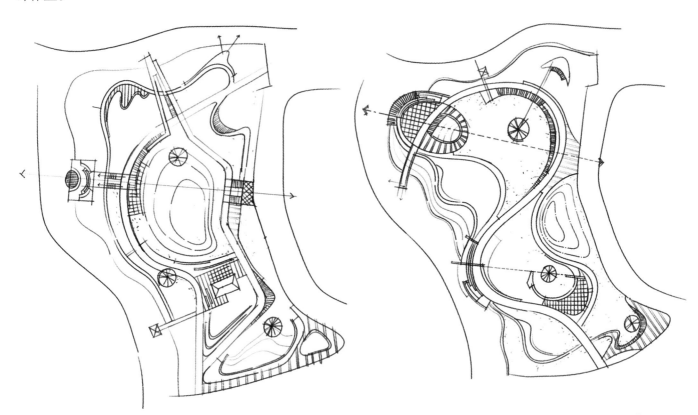

图 4-37 乡村村口公共绿地景观设计方案 A 草图　　　图 4-38 乡村村口公共绿地景观设计方案 B 草图

4. 方案评价

两个方案仅完成了空间路网设计和主要节点的布局,种植设计等细节尚未细化。总体来看,空间结构较为清楚,场地内部保留植物结合大草坪进行造景。任务书要求保留利用场地内部现状的硬质场地,两个方案均有落实。方案 A 结合保留硬质场地设计了服务建筑,建筑采用传统形式。方案 B 的服务建筑设计在滨水广场之上,采用覆土建筑形式,建筑屋顶设计斜坡草坪用于观景,具有一定特色。

4.4.4 乡村村口文化公园设计

1. 基地概况

设计场地为某村村口位置（图4-39），场地的整体地形东北高、西南低，内部保留有若干水塘和建筑，在本次规划中应充分利用。农田灌溉渠过境场地内部，将场地划分为两个地块，该灌溉渠为该村的主要水利设施，为明渠，硬质岸壁。基地周边为县道和乡道，交通较为便利，基地西侧为村委、村卫生室及居民区建筑等。

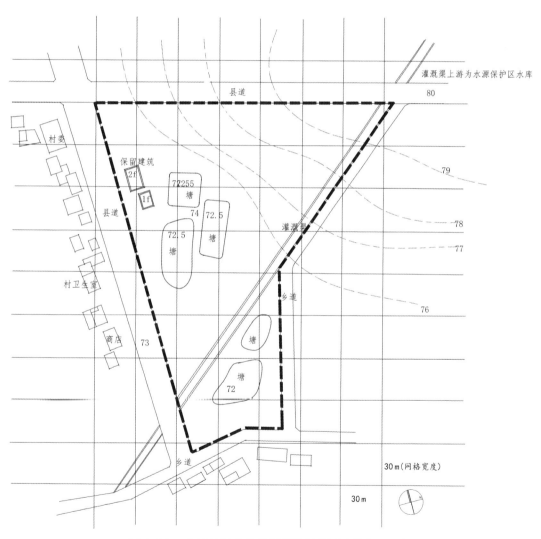

图4-39 乡村村口文化公园基地现状图（单位：m）

2. 设计要求

①合理组织交通流线，主题自定；

②充分利用内部要素，结合乡村文化创造多样的景观空间。

3. 设计方案

乡村村口文化公园设计方案草图见图4-40、图4-41，方案源于风景园林专业"场地规划与园林建筑设计"课程设计专项训练作业。

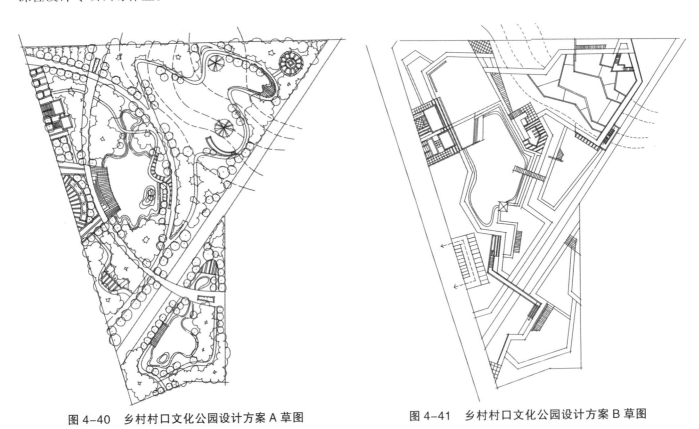

图 4-40 乡村村口文化公园设计方案 A 草图　　　图 4-41 乡村村口文化公园设计方案 B 草图

4. 方案评价

两个方案形式不同，空间格局及功能配置均有较多的相似之处。方案A采用曲线形式构图，将原有的水塘合二为一，扩大水面，并设计水景，营造亲水空间。结合场地地形设计草坪坡地，形成一个较为开阔的公共活动空间。方案B结合场地地形设计了一处农业种植景观区。两个方案均利用园路将两个分离的地块连接起来，强化了空间联系，方案B的水体营造中水岸形态及驳岸设计较为单一，水面空间处理较为生硬。

4.5 主题公园与纪念性景观设计

4.5.1 抗日烈士纪念园景观规划设计

1. 基地概况

我国华东某县一旅游景区，拟建设一个抗日烈士纪念园，形成该旅游区的标志性景点，提升整个景区的景观环境质量，建设拟选址于景区一处山坡地，基地南侧有道路连接景区入口和其他景点，场地高差如图 4-42 所示，用地面积约 17000 m²。

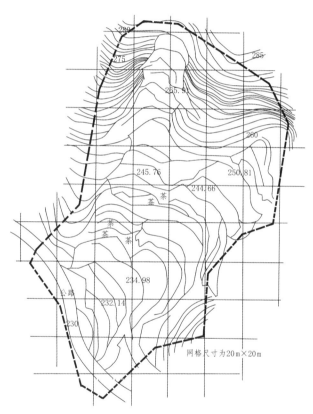

图 4-42 抗日烈士纪念园基地现状图（单位：m）

2. 设计要求

①充分结合现有地形条件，利用纪念碑、纪念景墙、纪念广场、景观小品等设计元素，形成纪念性空间序列；

②妥善处理好地形高差，合理安排台阶、台地和广场，从地形分析和视线分析的角度合理确定设计纪念碑的位置、高度和体量，突出纪念碑的点景作用；

③结合空间围合和空间序列组织,形成优美有序的绿化种植景观,树种选择应适应空间氛围。

3. 设计方案

抗日烈士纪念园景观规划设计方案草图见图 4-43,方案源于风景园林专业"快题设计"课程,高校研究生入学考试真题专项训练作业。

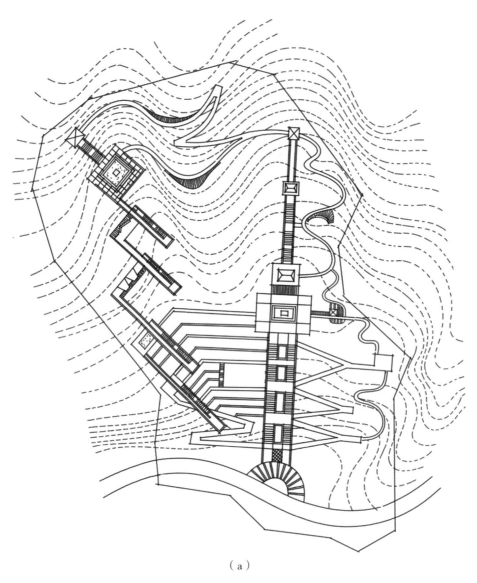

(a)

图 4-43 抗日烈士纪念园景观规划设计方案草图

(a)总体规划草图;(b)局部架空登山步道效果图

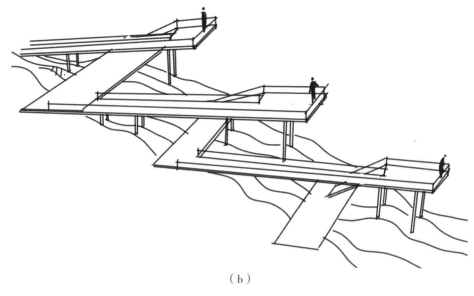

(b)

续图 4-43

4. 方案评价

场地为山地地形，地形坡度较大，因此方案设计中需要解决好各类场地设计中的高差变化问题。方案结合轴线利用梯道和无障碍坡道相结合的方式进行主次流线设计。纪念性景观强调庄重、序列感，通过轴线将各类纪念性要素布置在其中。通过对局部等高线的优化，设计登山坡道，实现了主要空间节点的无障碍化设计。总体上看，方案结构设计满足任务要求。

4.5.2 铁道公园景观设计

1. 基地概况

场地位于江南某城市，面积约为 6.8 hm²（图 4-44）。场地北部有一废弃铁路横穿场地，并延伸至东北部文化商业区。为响应城市"双修"理念，现将该场地改造为铁道公园。设计需要将废弃的铁路转化为城市公共开放空间，并设计一处服务驿站，提供科普教育的场所，作为青少年研学基地。此外场地中部有一处山丘需要保留（高差近 12 m），并与山脚的水塘综合考虑形成良好的山水关系。同时结合东侧河流（最低水位 2.93 m），充分考虑场地的生态效应，响应生态文明建设号召。

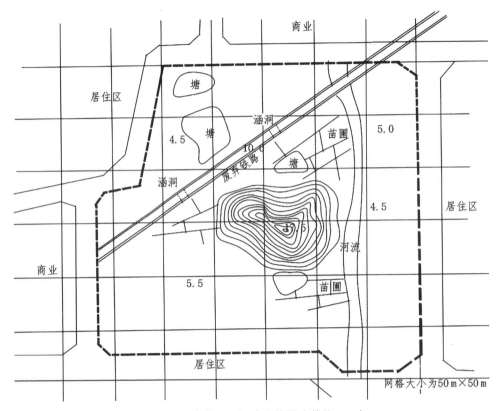

图 4-44 铁道公园场地现状图（单位：m）

2. 设计要求

①为适应场地需求，设计一处服务驿站；

②结合山体、河流与水塘，实现场地的生态设计；

③设计应当体现城市双修理念，利用铁路遗址，打造具有城市特色的公园景观。

3. 设计方案

铁道公园景观规划设计方案草图见图 4-45，方案源于风景园林专业"快题设计"课程，高校研究生入学考试真题专项训练作业。

4. 方案评价

方案设计总体符合任务要求，完成了各项设计目标：将服务驿站规划在主要入口处，方便为游客服务；场地内部最为重要的现状要素是铁道，结合铁道下穿涵道规划园路，路线设计合理；对场地内的河道进行优化，使得水面空间更加富有变化，结合水岸改造设计亲水空间。不足之处在于现状遗留的苗圃基地未能在方案中充分利用。

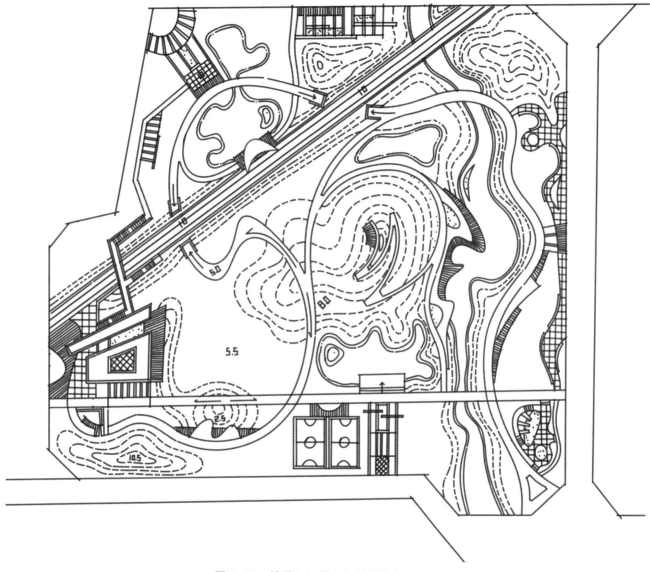

图 4-45　铁道公园景观规划设计方案草图

4.5.3　劳动主题公园景观设计

1. 基地概况

设计地块位于南方某城市，基地面积为 3 hm²。公园北侧为已营业的大型超市和城市次干道，人流密集；西侧为城市主干道，道路红线宽度为 60 m，道路上层高架为城市快速路，车流量较大；东侧为城市次干道和商业区；南侧为城市次干道和某大型企业办公区。设计场地分为 A、B 两个区域，在设计地块 A 中，有 6 棵银杏树，位置如图 4-46 所示，树龄 10～30 年不等。市民活动中心主入口在东侧三河路，建筑西侧为其次入口，有宽 3 m 的硬化道路。通道与 A 地块有现状围墙分隔，墙高 2 m。

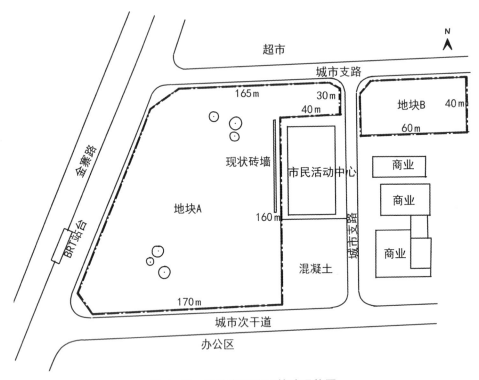

图 4-46 劳动主题公园基地现状图

2. 设计要求

①设计需要考虑周边环境条件，合理安排功能；
②植物配置应结合当地自然条件选择适宜的树种，保留现状植物并组织造景；
③明确主题，结合主题进行规划布局与细部设计；
④设计应符合相关规范和标准。

3. 设计方案

劳动主题公园景观设计方案草图见图 4-47、图 4-48，方案源于风景园林专业"场地规划与园林建筑设计"课程设计作业。

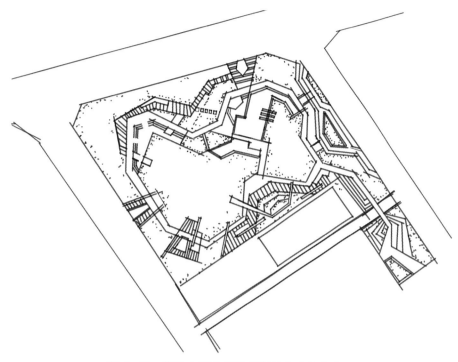

图 4-47 劳动主题公园景观设计方案结构草图

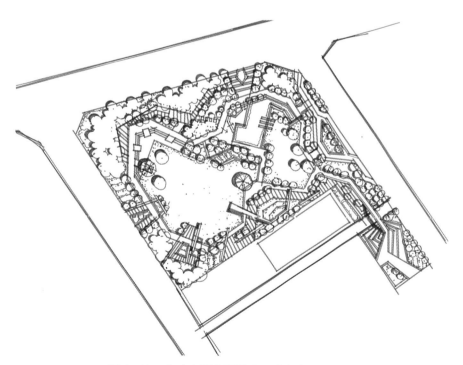

图 4-48 劳动主题公园景观设计方案深化草图

4. 方案评价

方案要求以劳动为主题，如何体现劳动这一关键元素是设计的难点。方案总体结构清晰，在结构上采用折线的形式，中心区域设计草坪作为公共活动空间，周边布局节点。劳动主题可结合雕塑、工人文化墙、历史展示墙等要素来体现。

4.5.4 主题公园设计

1. 基地概况

长江流域下游地区某市一处绿地需要进行规划设计，设计场地现状如图4-49所示。场地有城市道路穿过，北侧有一处大型商业街，南侧为居住区，西侧为自然山体，东侧为湖面，具体高程见图4-49。设计需要体现主题，并且注意自然景观利用。

2. 设计要求

①请根据所给场地的环境位置和面积规模，完成方案设计任务，要求具有一定的纪念、游憩、活动功能；

②规划设计停车场一处（20个机动车停车位）；

③规划设计建设服务中心一座，建筑面积1000 m²，其中包括茶室、厕所、管理房；

④设置一处纪念亭和一座纪念雕塑。

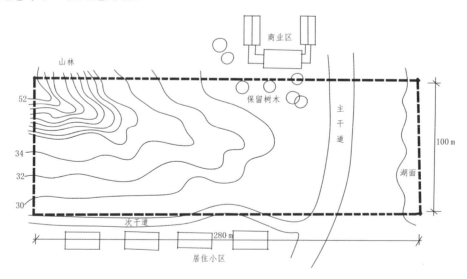

图4-49 主题公园基地现状图

3. 设计方案

主题公园景观设计方案草图见图4-50、图4-51，方案源于风景园林专业"景观规划设计"课程设计作业。

4. 方案评价

场地被城市道路分隔为两块区域，两个方案设计结构均具有较强的整体性。主要节点布局较为合理，但方案未作深入表达。作为纪念性景观，在节点安排上应考虑叙事性，按照一定的序列进行安排。

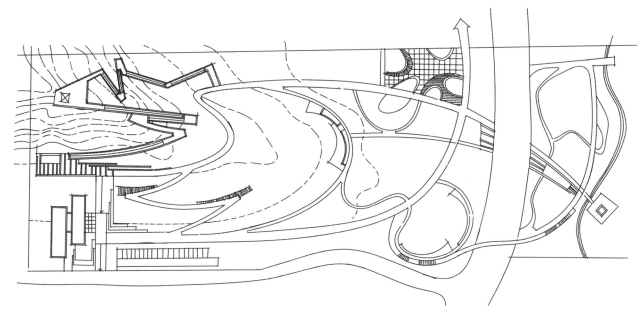

图 4-50　主题公园设计方案 A 草图

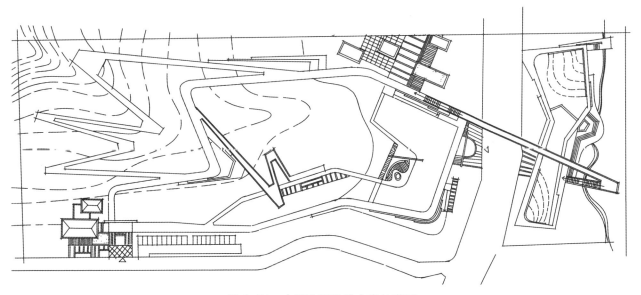

图 4-51　主题公园设计方案 B 草图

4.6 老旧社区、工业区更新与改造

4.6.1 冶金企业老厂房园区公共绿地设计

1. 基地概况

设计地块位于1980年的冶金企业厂区，由于空气污染及噪声，2005年厂区已整体搬迁至城市北部工业园区。厂区内原有的大型设备、灌渠已拆除，场地内部保留了烟囱（竖向截面为梯形，底部直径5 m，顶部直径2 m，高度为15 m，红砖砌体结构）、一棵银杏树（树龄50年）及一片水杉林。场地南部紧邻冶金企业的办公楼。周边现为居住区，基地南侧的办公楼群已规划为艺术馆（图4-52）。

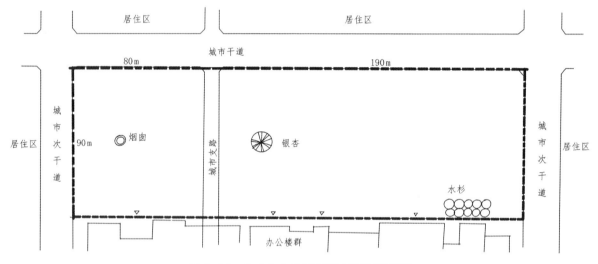

图4-52　冶金企业老厂房园区基地现状图

2. 设计要求

①结合现状特征条件合理组织空间结构；

②两个地块需要整体考虑，合理规划功能分区；

③主题自定，表现风格自定。

3. 设计方案

冶金企业老厂房园区公共绿地设计方案草图见图4-53，方案源于风景园林专业"场地规划与园林建筑设计"课程设计专项训练作业。

4. 方案评价

场地被城市道路分隔为两块区域，方案设计结构均具有较强的整体性。主要节点布局较为合理，但方案未作深入表达。基地中心区域设计了下沉式绿地，并结合下沉式绿地设计水景。由于场地较为平坦，这种设计需要注

意场地内的土方平衡。通过下沉式设计可以有效调节场地径流,也丰富了空间形式。

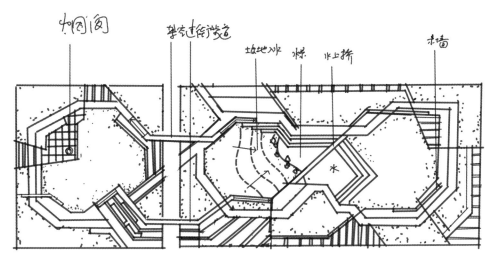

图 4-53 冶金企业老厂房园区公共绿地设计方案草图

5. 其他方案

冶金企业老厂房园区公共绿地其他设计方案草图见图 4-54,方案源于风景园林专业"场地规划与园林建筑设计"课程设计专项训练作业。

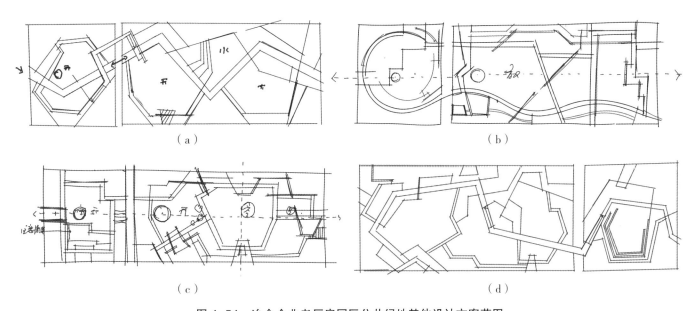

图 4-54 冶金企业老厂房园区公共绿地其他设计方案草图

4.6.2 老旧社区公园更新改造设计

1. 基地概况

随着我国城市化进程的不断加快及城市居民精神文化生活需求的逐渐提高，城市公园在城市休闲中的地位与作用日益凸显。某县级市一建于20世纪80年代的社区公园（图4-55），历经岁月长河洗礼，因景观衰败、设施

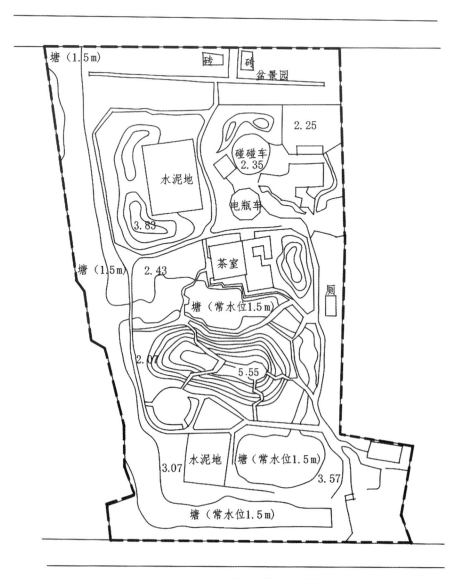

图4-55 老旧社区公园基地现状图（单位：m）

陈旧等原因已不能满足人们日益增长的游憩、休闲需求。现拟对该社区公园进行改造设计，使其成为具有完善休闲基础设施和良好生态环境，并兼具自然教育功能的城市公园绿地。该城市地处长江三角洲杭嘉湖平原，为亚热带季风气候区。社区公园位于城市老城区，总面积5.33万 m^2，南邻城市主要干道，北邻铁路干线，东西两侧紧邻居民住宅，南北长约310 m，东西最宽处约230 m，详见基地地形图。现状中水体常水位为黄海标高1.5 m，水体受污染，水质较差。场地中原有茶室和活动中心两幢建筑需要保留。建筑为江南民居建筑风格。公园内7棵香樟古树需要保留。

2. 设计要求

①认真分析现状基础资料和相关背景资料，研究基地自然特征以及公园片区环境与基地的相互关系，形成设计理念并提出社区公园改造设计的布局结构；

②合理组织交通，分析基地与道路的关系，协调公园空间布局和交通系统组织；

③仔细分析基地现状，在保留原有儿童游玩区场地的基础上，充分考虑景观的自然教育功能，进行设施改造更新，为儿童营造一处"寓教于乐"的活动场所；

④因地制宜，适度改造原有场地地形，以利于造景，并结合植物配置和节点设计，综合考虑，统一布局，创造出丰富的社区公园景观空间；

⑤各类设计指标应满足《公园设计规范》要求，绿地率应不小于70%。

3. 设计方案

老旧社区公园更新改造设计方案草图见图4-56、图4-57，方案源于风景园林专业"快题设计"课程，高校研究生入学考试真题专项训练作业。

4. 方案评价

本项目属于老旧场地的更新改造、环境提升。因此，方案设计形态和空间格局受现状限制较大，应充分尊重场地现状并利用场地现状进行适度改造升级。两套方案总体完成了任务书的设计要求。场地内大面积水泥地、建筑、原有硬化路面、水系、地形、古树以及其他重要植被均被充分利用并适当改造升级。对场地内原有的功能，如盆景展示、儿童游乐、茶室等进行了保留并依据现阶段居民娱乐、游憩、审美的需要适当改造其形态和布局。对场地内的水系也进行了保护和生态化改造，并结合竖向高差变化设计若干亲水空间。总体设计成果满足任务书要求。

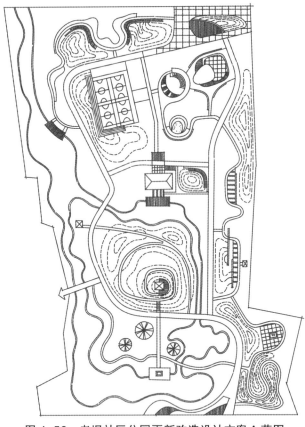

图 4-56 老旧社区公园更新改造设计方案 A 草图

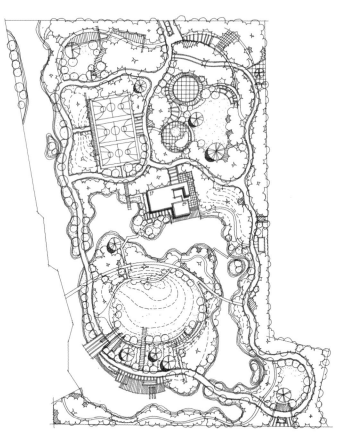

图 4-57 老旧社区公园更新改造设计方案 B 草图

4.6.3 老旧社区改造设计

1. 基地概况

场地位于江南某老城区,由两栋居民楼和城市道路相围合形成。场地内的竖向变化如图 4-58 所示,场地面积较小,要求运用层叠的方法,将场地联系成整体,充分运用现状地形,满足居民的休闲、运动、学习等功能需求。

2. 设计要求

①方案应有创新性设计思维;

②不妨碍居民出入;

③充分考虑老人与儿童活动需要;

④设计沿街商业建筑以及一座咖啡馆,总面积 4000 m² 左右,要求设计室外茶座;

⑤表达主要植物类型。

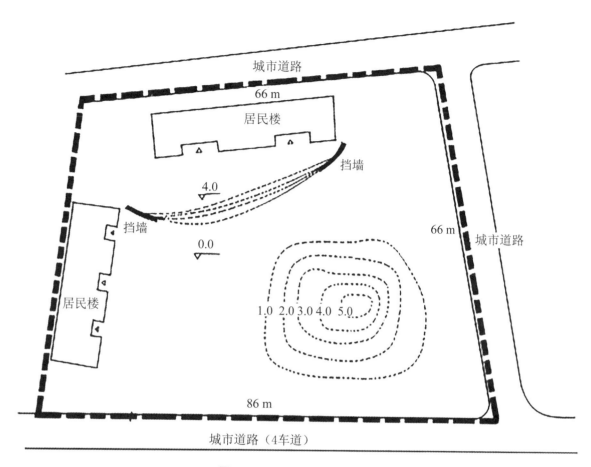

图4-58 老旧社区基地现状图

3. 设计方案

老旧社区改造设计方案草图及鸟瞰图见图4-59、图4-60，方案源于风景园林专业"快题设计"课程专项训练作业。

4. 方案评价

本项目需要考虑以下几个问题：①复杂地形现状下的无障碍化流线组织；②狭窄空间限制下的多元复合功能实现；③中心老城区的复兴与安老育幼型景观质量提升。方案结合地形分析，充分利用现状地形组织流线。由于场地内有两处较大的地形高度变化，为了更好地组织流线（考虑到老城区、老年人、儿童等主体对象），场地整体流线通道无障碍化。4000 m² 的建筑与地形、内部道路相结合，空间骨架整体性好，统一协调，设计方案总体满足任务书要求。

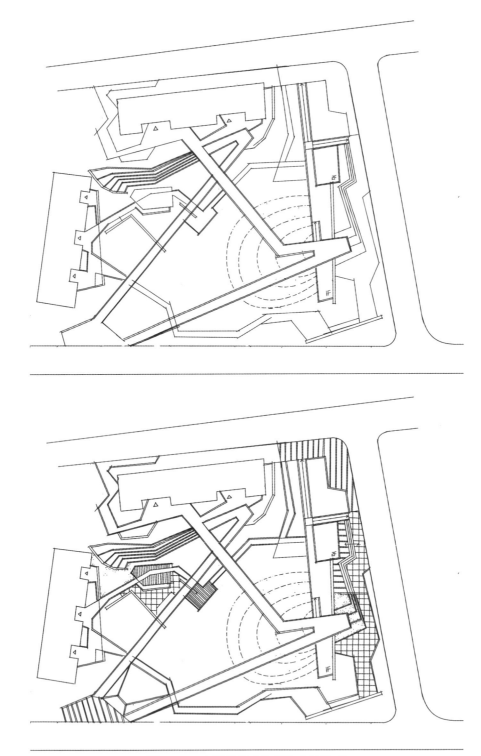

图 4-59 老旧社区改造设计方案草图

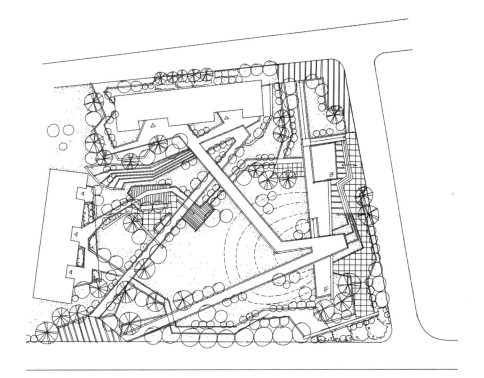

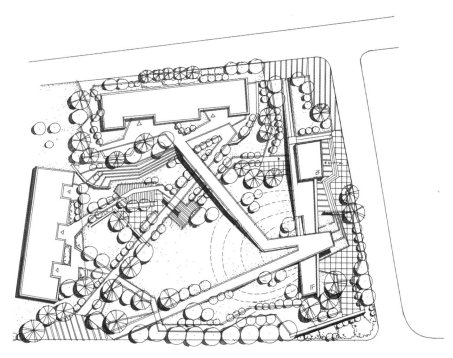

续图 4-59

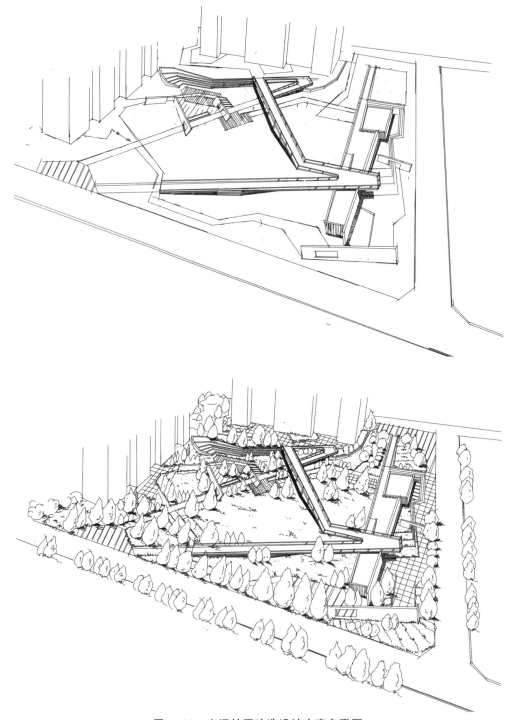

图 4-60 老旧社区改造设计方案鸟瞰图

5. 其他方案

老旧社区改造其他方案草图见图 4-61，方案源于风景园林专业"快题设计"课程，高校研究生入学考试真题专项训练作业。

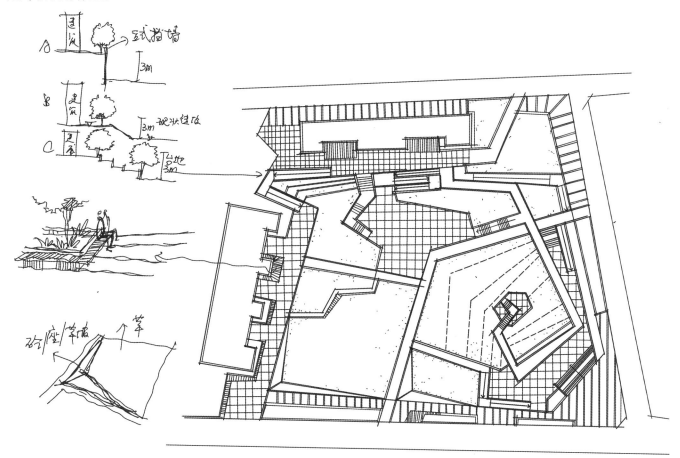

图 4-61 老旧社区改造其他方案草图

4.6.4 老旧工业区景观更新设计

1. 基地概况

南方某城市一处工业厂区废弃多年（图 4-62），现拟对地块重新进行规划设计，打造成为一处具有特色的市民公共休闲活动空间。场地中保留有若干工厂建筑，场地的整体地势北高南低，内部保留有现状道路。具体位置见基地现状图。

2. 设计要求

①根据场地现状设计一处综合公园；

②设计 2000 m² 的综合服务建筑，要求提供餐饮、服务等多种功能；

③设计一处园中园，面积为 1 hm²，可采用古典园林的布局形式，要求与综合服务建筑形成有机联系，根据周边环境满足不同市民的多种物质文化生活需要。

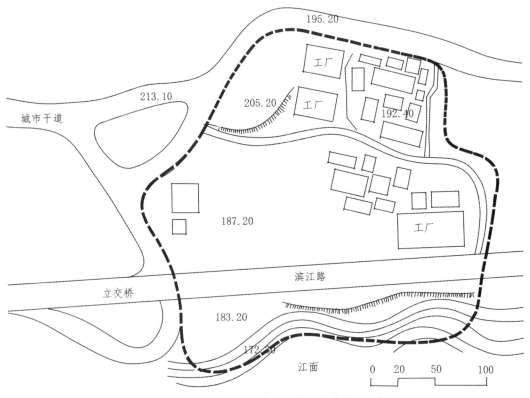

图 4-62　老旧工业区基地现状图（单位：m）

3. 设计方案

老旧工业区景观更新设计方案草图见图 4-63，方案源于风景园林专业"快题设计"课程，高校研究生入学考试真题专项训练作业。

4. 方案评价

方案结合现状道路进行了场地路网设计，对现状建筑进行改造，成为场地新的建筑功能空间，设计园中园，参照古典园林空间营造方法，结合场地内部保留建筑以及建筑所围合的院落进行设计。南北主要轴线串联主要节点，结构清晰。通过微地形的设计，增加了空间层次，总体满足设计任务要求。

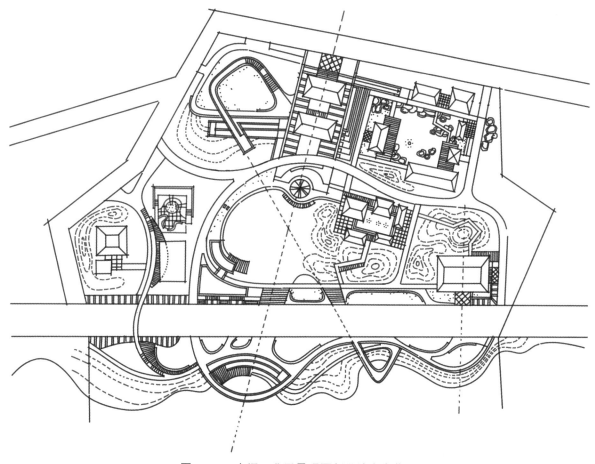

图 4-63 老旧工业区景观更新设计方案草图

4.6.5 工业企业办公区景观设计

1. 基地概况

华东某城市一工厂位于城郊，拟将厂区入口区域建设（面积为 7 hm²）成为开放式办公区，内部为生产区（图 4-64）。厂区道路的交通量不大。基地地形呈缓坡状，是承载力较好的土质荒坡，地形改造相对较为容易，挖填工程造价成本不高。基地东北角确定建设办公会议及接待楼一栋，建筑风格为现代式，简洁明快。建筑南侧主入口门的宽度为 6 m，另外 3 个次入口门的宽度均为 2 m，所有入口在建筑立面上居中布置。

2. 设计要求

①场地设计构思立意、主题自定；

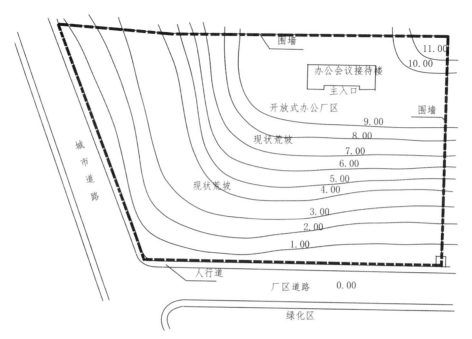

图 4-64 工业企业办公区基地现状图（单位：m）

②要考虑户外体育和展示区域，安排一些展示企业文化的户外景观和设施，还需要安排一个户外篮球场供职工健身；

③小轿车需要到达办公楼南侧主入口，在城市道路上最多只能开设一个机动车出入口，厂区道路开设机动车出入口的数量不限，停车方面，需要60个小轿车停车位（其中至少有30个靠近办公楼，便于日常使用，其余30个供会议和活动期间使用，位置不限）、5个大巴车停车位（位置不限）、50个非机动车停车位（宜靠近厂区道路）；

④按照办公楼前场地的功能、景观、绿化的需求进行设计，无其他特别要求，建筑底层和室外场地的相对高差在0.45 m以上，具体标高根据设计构思自定。

3. 设计方案

工业企业办公区景观设计方案草图见图4-65，方案源于风景园林专业"快题设计"课程，高校研究生入学考试真题专项训练作业。

4. 方案评价

方案设计整体符合任务书要求，人行车行动线清楚。场地内地形坡度较大，结合路网设计将等高线进行了局部调整以创造适宜的坡度。节点的布局结合轴线、流线进行安排。在接待楼周边布局了篮球场、企业文化展示区以及户外表演区，流线处理合理。不足之处在于坡地区域节点安排较少，停车场设计应考虑下车后的人行流线。方案草图中缺少非机动车停车场的规划。

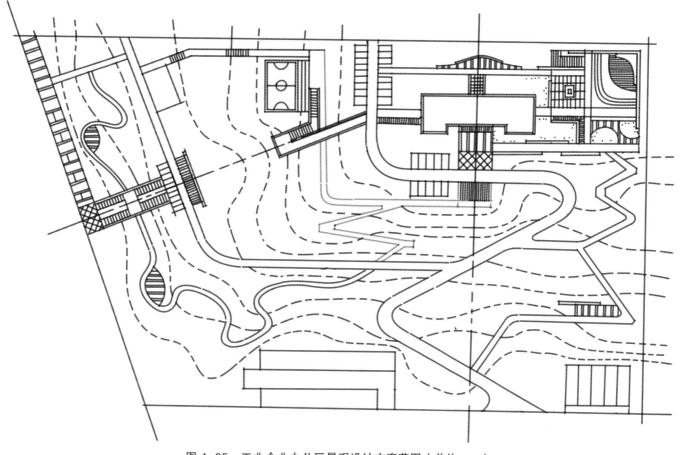

图 4-65 工业企业办公区景观设计方案草图（单位：m）

4.7 滨水公共空间绿地设计

4.7.1 滨湖公园景观设计

1. 基地概况

设计场地位于城市的滨湖地块，基地紧邻城市主次干道，周边用地性质为商业用地，此次需要规划设计的三角形地块地形较为平坦，标高为 6.15 m（与湖泊常水位高差为 1.5 m 左右）。基地东南侧为湖泊，水质良好，常水位标高为 4.5 m。场地内部现状有观湖步道，景观效果差，可保留利用，也可以结合方案设计需要改变道路形态（图 4-66）。

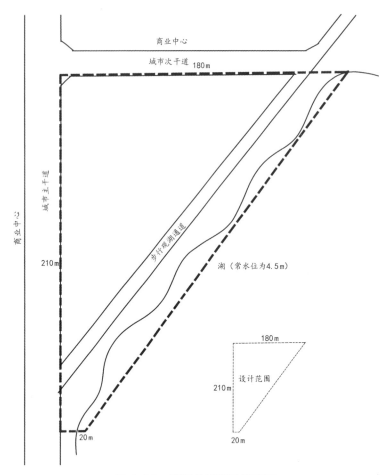

图 4-66 滨湖公园基地现状图

2. 设计要求

①充分尊重场地现状进行场地布局，基地内部的观湖道路可以结合设计主题修改路线形态；

②结合水位及地形特征进行滨水空间设计，满足市民亲水休闲需求，同时做好城市防洪设计；

③规划设计一处地面停车场，包含20个小型机动车车位；

④滨水水岸设计一处游船码头；

⑤结合场地分析设计功能空间，合理限定空间尺度。

3. 设计方案

滨湖公园景观设计方案草图见图4-67、图4-68，方案源于风景园林专业"园林规划设计"课程设计专项训练作业。

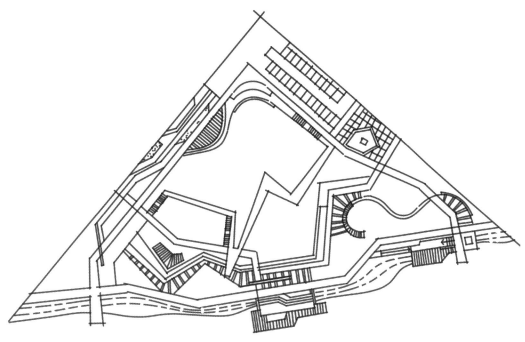

图 4-67 滨湖公园景观设计方案草图（一）

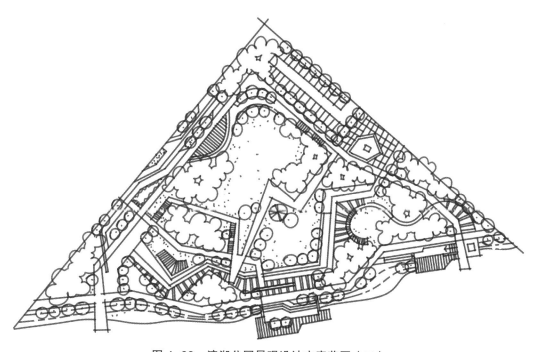

图 4-68 滨湖公园景观设计方案草图（二）

4. 设计评价

方案中停车场、游船码头等具体的功能空间在图纸上均已落实，满足设计任务要求。空间结构形式统一且具有变化，空间细节设计处理灵活。竖向设计方面，可结合软质空间适当设计微地形（凸地形或者下沉式雨水收集绿地均可设计）来营造更加丰富的空间形态。核心空间的架空观景步道设计具有一定的标志性，其设计可尝试与地形相结合，增强景观要素之间的关联性。

4.7.2 滨江公园景观设计

1. 基地概况

设计用地位于某中等城市的滨江区域（图4-69），南侧为跨江大桥，东侧与北侧为居住区。设计范围包括两部分，主体部分周边分别为兰江路、观乐路、景观路和小区围墙，面积约为20000 m²；滨江部分位于观乐路和景观之间（包括引桥下空间），面积约为8000 m²。

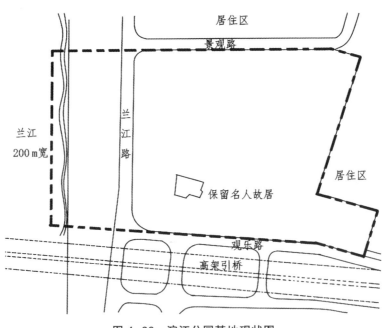

图4-69 滨江公园基地现状图

2. 设计要求

①功能应满足市民和游人户外休闲的需要，无大型集会的需要；

②景观建筑、道路、水体、绿地的布局没有限制，但绿化率应该在60%以上，建筑密度应控制在2%以内；

③应统筹环境生态绿化、视觉景观形象和大众行为心理三方面内容进行景观设计。

3. 设计方案

滨江公园景观设计方案草图见图 4-70,方案源于风景园林专业"快题设计"课程,高校研究生入学考试真题专项训练作业。

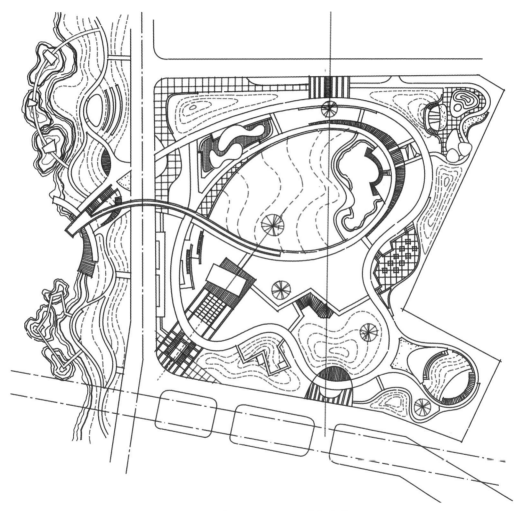

图 4-70 滨江公园景观设计方案草图

4. 方案评价

方案路网结构、层次、尺度把握较好,主要地块和滨水地块衔接自然,具有较好的整体性。结合现状建筑规划空间轴线,通过地形设计丰富内部空间形态,功能多样,布局较为合理,整体上满足任务书的设计要求。

4.7.3 古运河滨水公园景观设计

1. 基地概况

基地位于古运河边某城市的城郊接合部（图4-71），基地南侧有高架桥通过，高架桥的桥下空间净高15 m。基地北侧及东侧为运河，西侧为汇成河。原场地内为村庄及厂区用房，厂房邻近道路一侧，现由于城市更新的需要，拟将无保留价值的厂房、仓库等大型建筑拆除，保留部分村庄用房进行改造（邻近用地，但不在用地红线内）。未来滨水空间结合保留的部分村庄改造，将成为古运河风光带的一个重要节点，面向游客与周边居民开放，构建良好的滨水景观带，在留住"乡愁"的同时，对城市滨水空间进行修复改造。

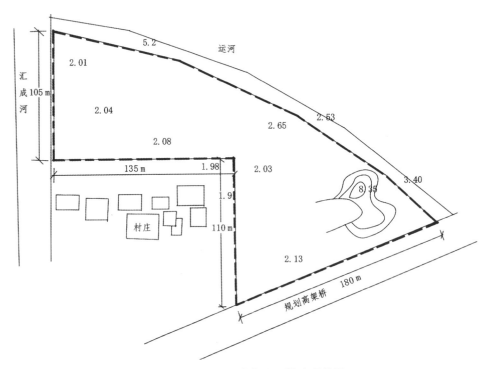

图4-71 古运河滨水公园基地现状图

2. 设计要求

①策划景观主题，并规划整个滨水景观环境，通过合理布局，对城市街道、绿化、建筑、停车场、活动空间等进行分析处理，打造充满活力的古运河滨水景观节点；

②在总平面上规划一个1000 m²（±10%）的服务性建筑，要求周边交通方便；

③20个机动车停车位；

④地块东侧有一个小山丘，是一片香樟林，香樟林的范围可根据需要调整；
⑤地块入口从运河边道路进入，场地内部的村庄拆除与否由设计者自行确定。

3. 设计方案

古运河滨水公园景观设计方案图见图 4-72～图 4-75，方案源于风景园林专业"快题设计"课程专项训练作业。

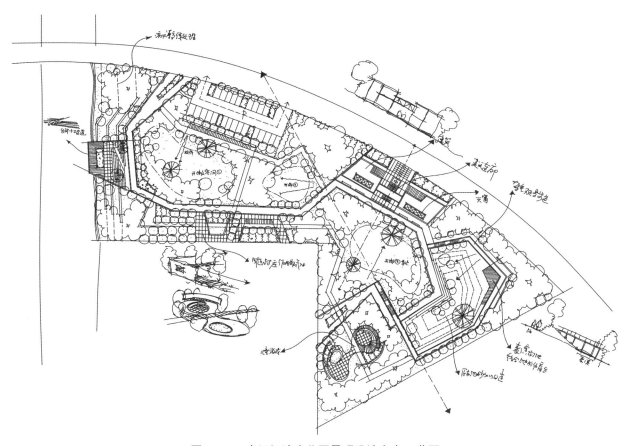

图 4-72 古运河滨水公园景观设计方案 A 草图

4. 方案评价

方案 A 采用折线结构，空间形式统一。内部保留要素得以改造利用，其他设计基本满足任务要求。折线园路结构硬朗，但部分区域的路线设计转折不自然，转折角度不合适，转弯过急。方案 B 空间结构、轴线清楚。最大的特点是在内部设计了水面，将运河水引入空间内部，这种设计很大胆，但需要注意尺度把握，尤其是场地内部无低洼地形、无积水洼地的，开发水系会产生较大的土方开挖。方案 C 将运河一侧的现状道路改为绿地空间，不符合任务书要求。北侧道路作为公园主要出入口通道，不能改变。

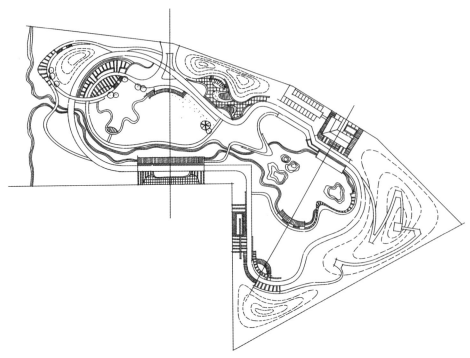

图 4-73 古运河滨水公园景观设计方案 B 结构图

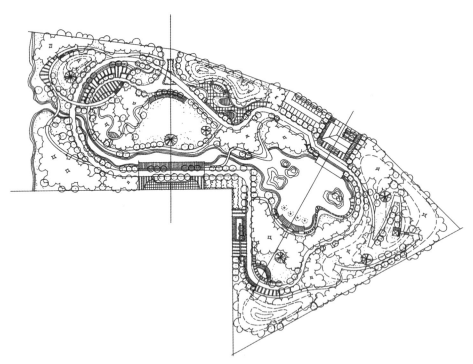

图 4-74 古运河滨水公园景观设计方案 B 深化图

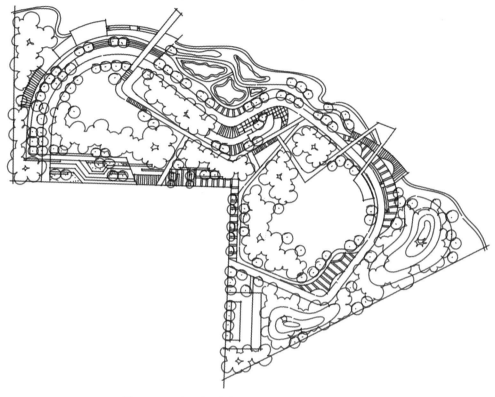

图 4-75 古运河滨水公园景观设计方案 C 草图

4.7.4 城市滨水公园景观设计

1. 基地概况

该地块位于某中部城市（图 4-76），地块北部为城市道路、商业区和住宅区，地块东侧与城市主干道相隔为商业区。南部为城市河流，西侧邻滨水绿地。

2. 设计要求

①合理组织基地空间及其与周边道路、住宅、商业及城市河流之间的关系；
②功能分区明确，流线合理，空间有序，满足周边市民活动、交往、休闲的需要；
③景观设计力求构思精巧，使得现状居民楼、名人故居同滨水公园景观保持整体的协调性。

3. 设计方案

城市滨水公园设计方案草图见图 4-77、图 4-78，方案源于风景园林专业"快题设计"课程，高校研究生入学考试真题专项训练作业。

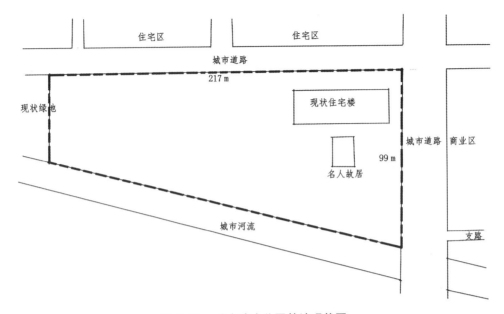

图 4-76 城市滨水公园基地现状图

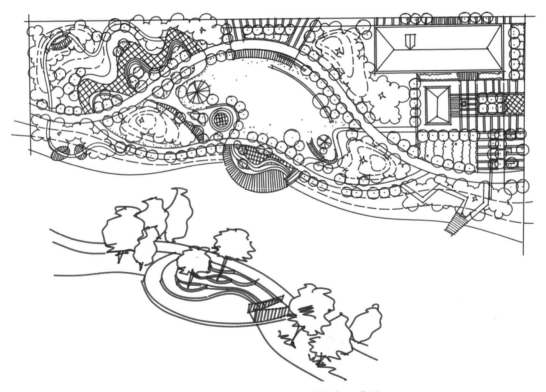

图 4-77 城市滨水公园设计方案 A 草图

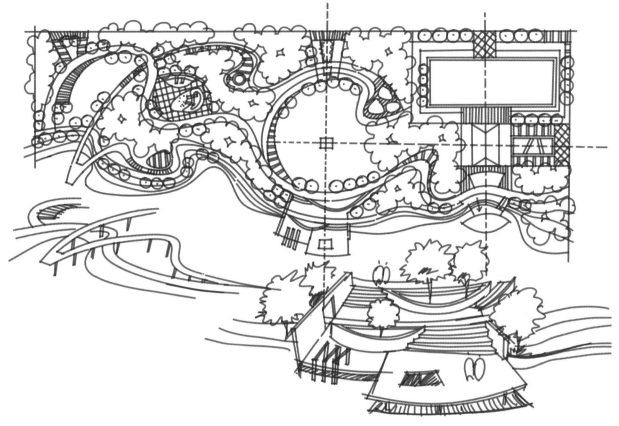

图 4-78 城市滨水公园设计方案 B 草图

4. 方案评价

场地内有两栋保留建筑，两个设计方案均充分考虑了建筑的形态、朝向以及出入口等因素。将建筑与景观结合成为一个整体。滨水空间结合水位变化进行亲水性设计。总体上实现了项目预定设计目标，但功能安排上可以更加多元化，目前的设计效果略显单一。基地周边主要用地为居住区，功能安排上需要考虑附近居民日常需求，可酌情增加儿童以及成年人娱乐运动空间等。结合文化传播的需要适当增加文化展示、文化体验的空间或者规划设计露天剧场满足一些集体活动需求。

5. 其他方案

城市滨水公园设计其他方案草图见图 4-79、图 4-80，方案源于风景园林专业"快题设计"课程，高校研究生入学考试真题专项训练作业。

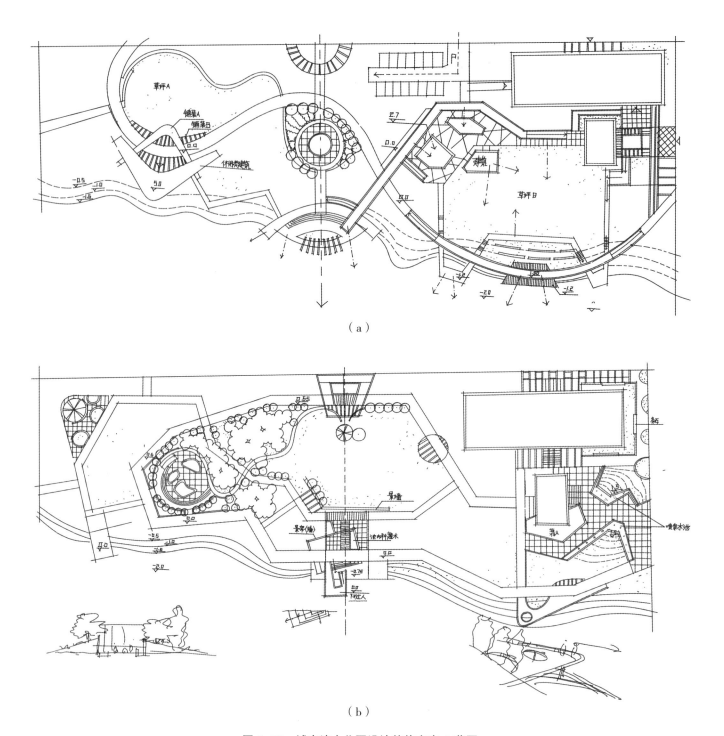

图 4-79 城市滨水公园设计其他方案 A 草图

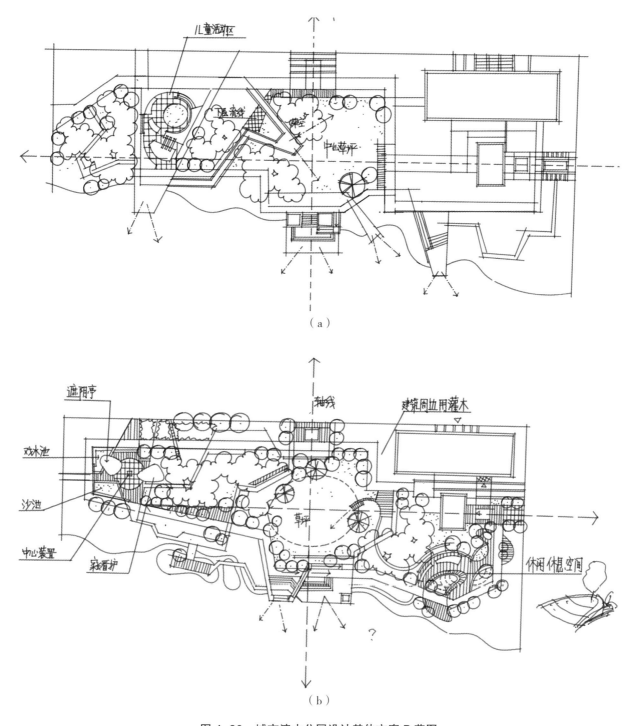

图 4-80 城市滨水公园设计其他方案 B 草图

4.8 旅游与风景区景观规划设计

4.8.1 风景名胜区入口服务区景观设计

1. 基地概况

基地现状为坡地地形（图4-81），面积为6.1 hm²。西侧为宽15 m的国道，为主要人流来向。东侧和北侧有两条宽7 m的景区专用道。西侧隔3 m处有宽度为6 m的泄洪沟，场地中心区域东西向横跨10 m宽度的季节性河道与西侧泄洪沟相连。场地高差为9 m，等高线均匀分布，东高西低，基地的东、北、南部为山脉和陡坡。

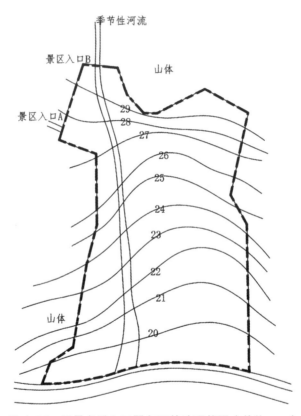

图4-81 风景名胜入口服务区基地现状图（单位：m）

2. 设计要求

①规划设计机动车及非机动车停车场，包括大巴车位、小轿车车位、观光电瓶车车位等；
②规划游客服务中心，建筑面积在2000 m²左右；
③规划换乘车中心，建筑面积在1200 m²左右；

④规划旅游综合设施中心，建筑面积在 3000 m^2 左右；

⑤入口要有标志性景观效果，要有集散广场、形象展示区、餐饮区、咨询处等。

3. 设计方案

风景名胜区入口服务区景观设计方案草图见图 4-82，方案源于风景园林专业"快题设计"课程，高校研究生入学考试真题专项训练作业。

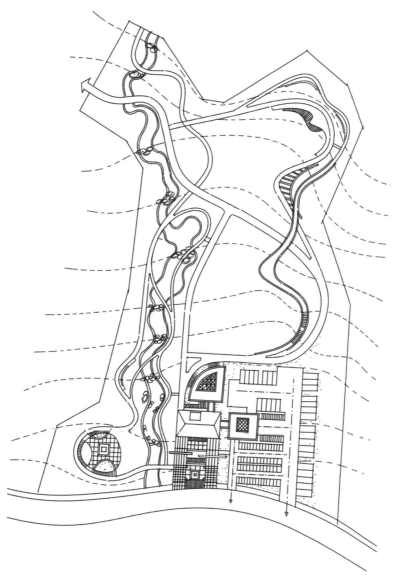

图 4-82 风景名胜区入口服务区景观设计方案草图

4. 方案评价

本项目设计最大的难点在于：①各类停车场地如何规划设计，流线如何处理；②建筑如何规划，建筑之间的流线以及建筑与停车场之间的流线如何处理。本方案将各类停车场规划在同一块区域，在区域内进行分区，满足了大巴、小轿车、电瓶车的停车需求。将换乘中心与停车场 3 类停车空间便捷连接，方便乘客换乘。换乘中心与游客服务中心以及旅游综合设施中心通过连廊连接。水系做了局部拓宽，增加亲水设施和景观桥梁连接两岸。地形依据现状仅做局部调整。总体设计满足任务书要求，思路较为清晰。

4.8.2 景区房车营地景观规划设计

1. 基地概况

某风景区为提升旅游服务水平，针对自驾旅游服务需求，拟进行汽车驿站景观规划设计。设计需要结合现状环境特征和功能需求进行合理的整体规划，以期形成依托自然、布局合理、空间丰富、特色鲜明的景观风貌。本项目占地约 5.4 hm^2，现状地形、水体高程如图 4-83 所示。景观设计可根据设计意图合理改造地形和现状水系，但土方需要就地平衡。场地东侧毗邻景区道路，规划主入口需要与道路相连。西北角与景区水库相连，水库周边景观步道由水库驳岸顶面改造而成，现状池塘由地表水自然汇聚而成，无人工驳岸。场地内现有古亭、古树均为景观资源，应加以合理保护和利用。

2. 设计要求

①汽车旅馆 1 栋，建筑面积 1500 m^2，建筑限高 12 m，占地面积自定（注：本项内容不进行建筑方案设计）；

②独立酒吧 1 栋，建筑面积 100 m^2，功能与形式自定（注：本项内容不进行建筑方案设计）；

③满足人、车通行需求，进行地面停车组织和设计，满足不少于 25 辆小型汽车和 10 辆房车的停放需求。

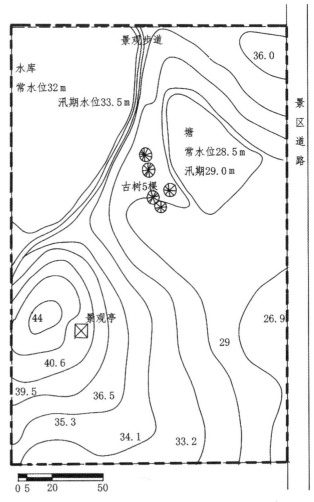

图 4-83 景区房车营地基地现状图（单位：m）

3. 设计方案

景区房车营地景观规划设计方案草图见图 4-84，方案源于风景园林专业"快题设计"课程，高校研究生入学考试真题专项训练作业。

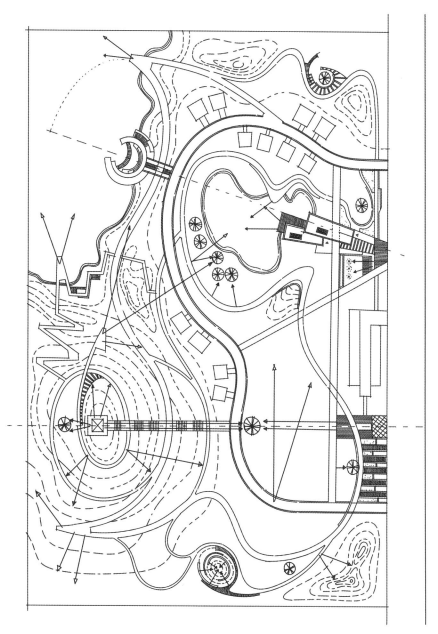

图 4-84　景区房车营地景观规划设计方案草图

4. 方案评价

方案主路按照车行尺度要求进行设计。汽车旅馆规划设计在主入口处，结合内部水景进行设计，形成空间主轴线。主入口结合汽车旅馆设计问题不大，但从尺度上看主入口集散空间尺度偏小，旅馆入口处是否有车行要求有待进一步商榷。另外，入口结合山顶景观形成另一条空间轴线，节点及流线设计相对较好，方案总体上满足任务书要求。

4.8.3 田园综合体山地茶园景观设计

1. 基地概况

项目地块是某田园综合体先行规划实施的一部分，地块位于山坳处，周围山体现状均为茶园（图4-85）。场地内部有现状道路，西北侧为场地的主要出入口，入口道路可根据需求拓宽，基地内有两处保留建筑，设计者可自行决定拆除或者保留。内部有两处水塘，亦可根据需要调整。现拟将其规划为一个旅游项目，综合考虑交通、建筑、植物、停车、活动等需求，整体定位为茶园景观。

2. 设计要求

①该规划设计目的在于打造一个以茶园为主题的旅游经营项目，要求结合整个景观环境设计；

②场地需布置一处 400 m² 的园区服务建筑，要求合理组织交通，考虑停车位，建筑功能包含茶饮、展览、售卖、导游服务等；

③园区需要布置小型停车位 20 个，可分散或集中布局。

3. 设计方案

田园综合体山地茶园景观设计方案草图见图4-86，方案源于风景园林专业"快题设计"课程，高校研究生入学考试真题专项训练作业。

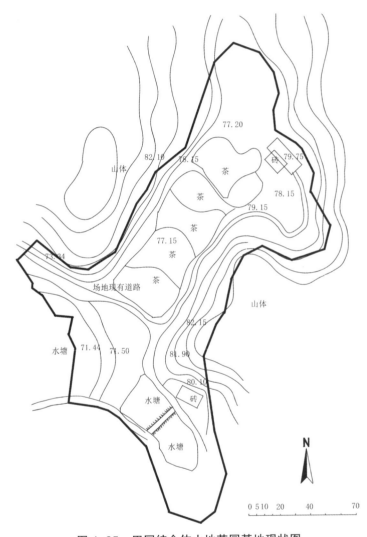

图 4-85 田园综合体山地茶园基地现状图

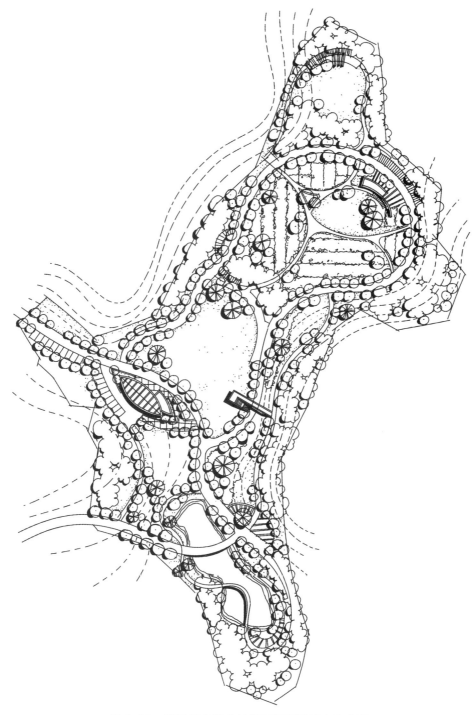

图 4-86 田园综合体山地茶园景观设计方案草图

4. 方案评价

方案最大限度地利用了现状条件，结合现状地形、道路、茶园等进行流线及功能区设计。将服务建筑规划在入口处，服务建筑形态灵感源于茶叶造型，作为入口主要景点和功能区，能够起到呼应主题的作用。主路结合等高线变化全程无障碍化设计，结合地形设计观景步道并在主要观赏位置设计观景平台。在茶园北侧设计饮茶长廊作为游客休憩和饮茶体验空间。总体设计符合任务书要求。南侧主要道路末端连接次级道路略显粗糙，衔接不够自然。

4.9 生态修复与湿地公园设计

4.9.1 湿地公园景观设计

1. 项目概况

项目位于我国东部某城市，总体面积约为 $2\,hm^2$。基地南侧为城市主路，东北侧为河流，流域内保留有大片工业用地，河道萎缩、水体污染较为严重。随着工业企业转型升级，上游主要工业厂房均已搬迁或做了现代化改造，工业污染得到了一定的控制，但河道内以及中下游农田依旧饱受水体污染的侵害，导致农作物产量下降，河道生态破坏、景观价值下降，严重影响片区的发展。本项目设计范围如地形图（图4-87）所示。现状为空地，有季节性积水特性（每年雨季7—8月）。场地总体较平整，略高于河流常水位。

2. 设计要求

①为了改善环境，拟将该地块进行景观改造，要求依据景观生态相关原理对场地进行设计；

②将河流水系引入场地进行净化、过滤；

③创造多样化的景观空间供市民游憩，基地中部有一条次要道路穿过，需要保留。

3. 方案设计

湿地公园景观设计方案草图见图4-88，方案源于风景园林专业"景观生态学及其应用"课程，湿地公园专项设计训练作业。

4. 方案评价

本任务书中简单介绍了基地的历史与现状，说明了场地现存的一些问题，如水体污染、河道萎缩、景观游憩价值下降等，也提到了场地的一些特征，如地形特征、降水特征、积水特性，同时也提供了一个大致的解题方向：引水过滤和净化，创造多样空间满足生态及人的游憩需要。本题的核心关键在于水，要围绕怎么引水、怎么设计水，既满足生态净化要求也满足人的观景需要这一主体功能来构思。该主体功能可以进一步进行分解（如生态沉淀区、过滤区、生物净化区等），其他相关功能可以围绕这一主体功能进行配套，如湿地生态展示区、科普研学基地（室外课堂）、公共活动区（大开敞空间）、生态康养区等。方案设计中主要结合河道优化，将基地一侧的河道进一步曲化，由于场地内部空间有季节性积水现象，结合河道改造设计内部湿地，通过景观手段净化水体，是一种比较可行的设计手段。

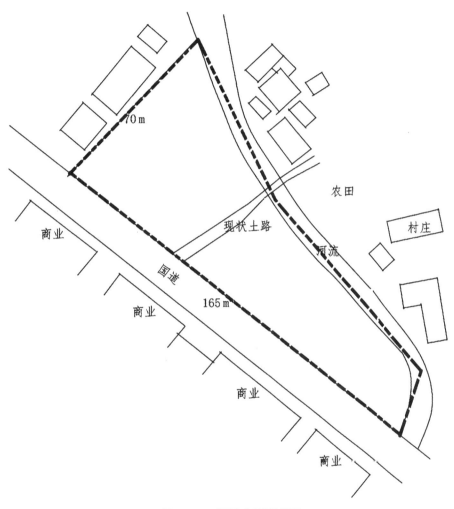

图 4-87 湿地公园现状图

5. 其他方案

湿地公园景观设计其他方案草图见图 4-89，方案源于风景园林专业"景观生态学理论及其应用"课程，湿地公园设计专项训练作业。

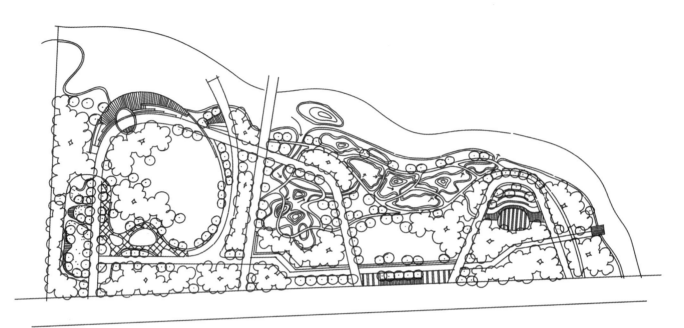

图 4-88 湿地公园景观设计方案草图

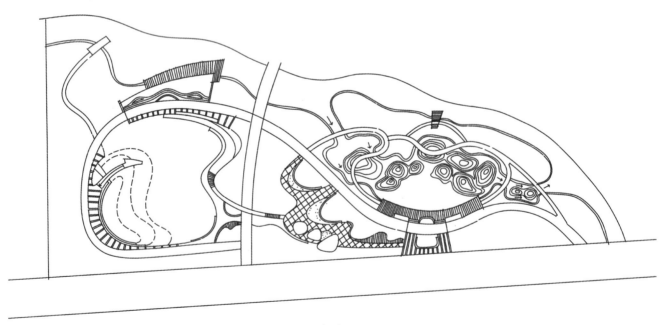

（a）

图 4-89 湿地公园景观设计其他方案

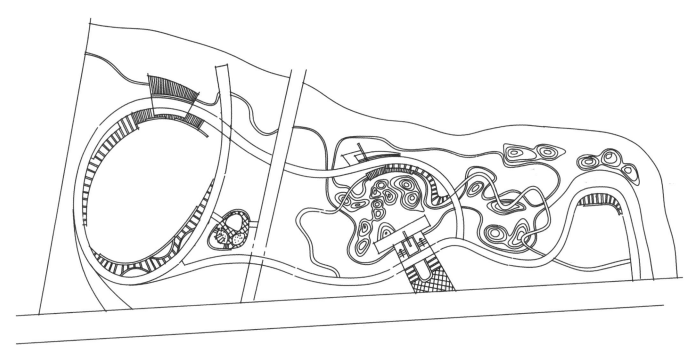

(b)

续图 4-89

4.9.2 滨湖湿地公园景观设计

1. 基地概况

华东某城市滨湖地块拟打造成为市民休闲、生态科普的湿地公园。基地北邻湖面，南侧为环湖大道，基地内部保留有一处水杉林，生长状态良好。基地内部有一条河流经过，内部有多处积水洼地，在 6—8 月常有积水。湖面常水位高度为 44.5 m，汛期水位 45.5 m（图 4-90）。

2. 设计要求

①保留原有杉树林，植被空间形态可根据设计需要进行局部调整；

②处理好竖向高差，解决好场地交通流线问题；

③通过一定的技术手段增强场地生态净水功能。

3. 设计方案

滨湖湿地公园景观设计方案图见图 4-91～图 4-93，方案源于风景园林专业"景观规划设计"课程，生态湿地公园规划设计专项训练作业。

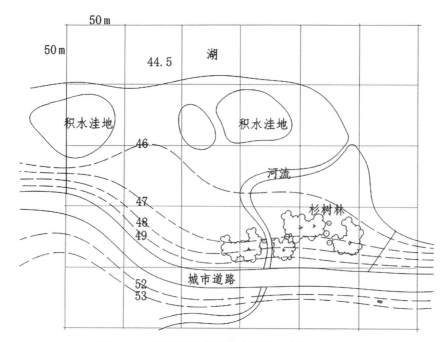

图 4-90 滨湖湿地公园基地现状图（单位：m）

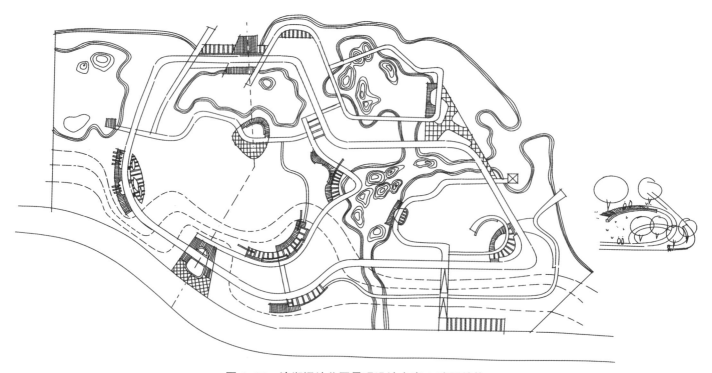

图 4-91 滨湖湿地公园景观设计方案 A 路网结构

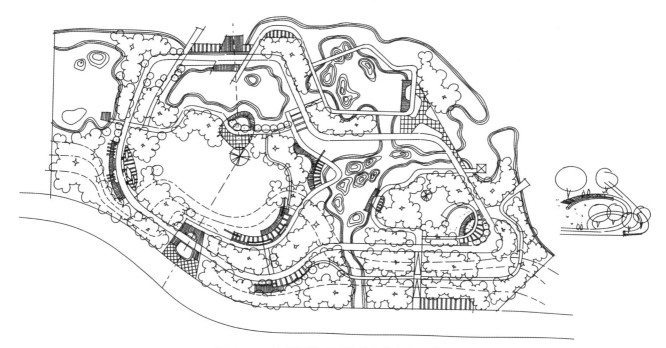

图 4-92 滨湖湿地公园景观设计方案 A 草图

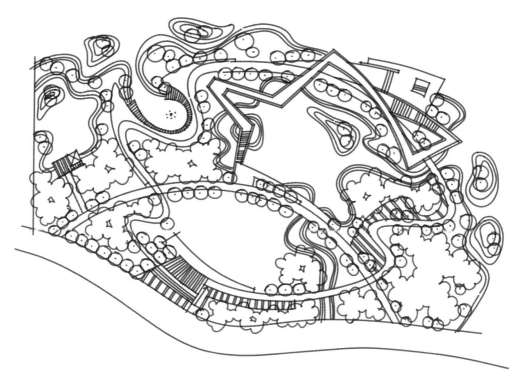

图 4-93 滨湖湿地公园景观设计方案 B 草图

4. 方案评价

本项目作为湿地公园重点关注的是水的设计，而水的设计关键是岸的设计，包括岸的形态、尺度和要素构成。此方案设计充分利用了基地内部现状水系，优化水岸形式。依据景观生态学边缘效应原理，将湖岸和内部水系驳岸进行生态化处理，增强水岸的生态调节能力。方案结构清楚，但生态策略过于单一，仅停留于水岸优化，在植物空间格局、地形优化等方面还可以进一步作出具体设计。

4.9.3 生态公园设计

1. 基地概述

项目位于华东某城市滨湖新区（图4-94），嘉陵江路北侧地块，西侧为昌都路，总面积4 hm²。设计应充分体现地域文化，创造出多样化的公共空间，作为文化窗口，展现当地文化精神，为人们创造生态、安全的开放式公共空间。

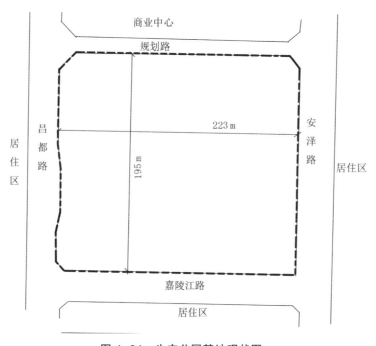

图4-94 生态公园基地现状图

2. 设计要求

①根据公园设计规范，对该地块的空间景观环境进行规划设计；
②充分认识与了解基地现状，如公园与城市绿地系统的关系、公园与周边环境关系、公园场地内现状用地

情况；

③计算公园的游人容量，配置各种功能空间、设施等；

④学习、借鉴富有代表性的城市公园案例，通过案例的学习、调查掌握新的方法、技术、理念；

⑤运用生态学相关知识进行空间生态化设计。

3. 设计方案

生态公园设计方案草图见图 4-95～图 4-97，方案源于风景园林专业"毕业设计"课程，生态公园景观设计作业。

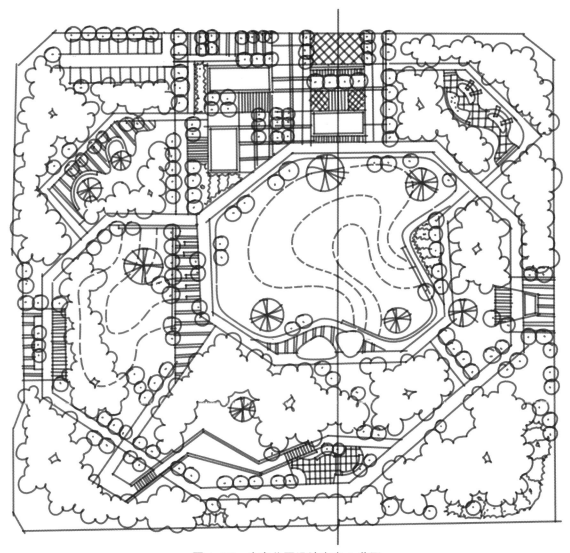

图 4-95　生态公园设计方案 A 草图

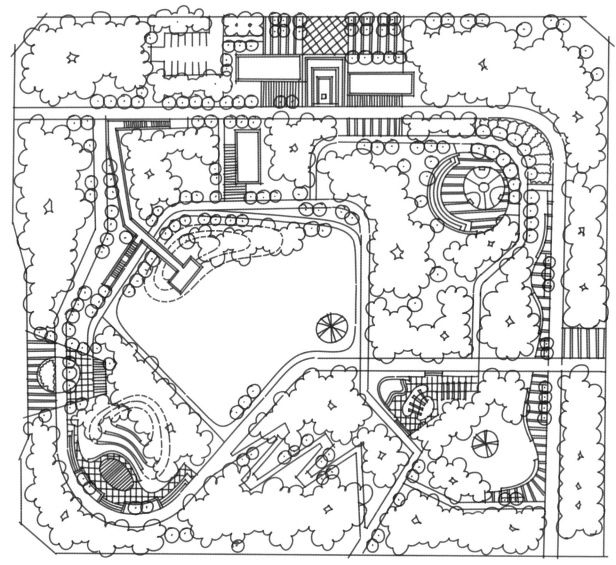

图 4-96 生态公园设计方案 B 草图

4. 方案评价

生态公园设计难点是采用什么设计手段实现生态目标，或如何辨别、解决生态问题。本场地位于城市核心区，内部保留有建筑，地形较为平坦。3 个方案主要从水流调控的方式入手，通过设计各类下沉式绿地调节场地径流，强化雨水的收集和景观化利用，但还不够深入，场地内部水池、水景的设计较为普通，生态设计策略在驳岸、水域形态以及水体与地形、种植的关系上应用较少。

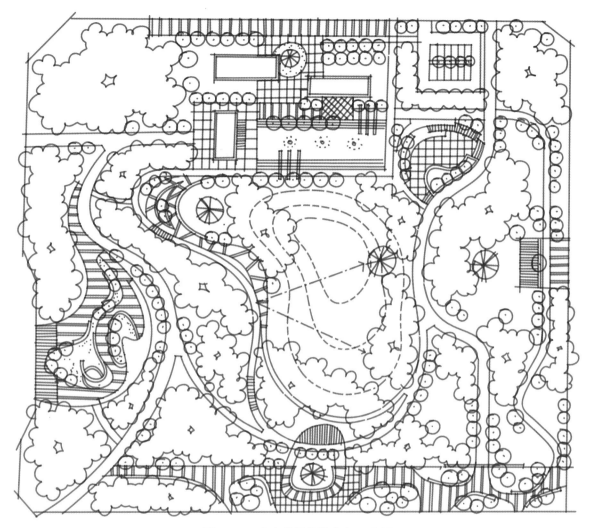

图 4-97 生态公园设计方案 C 草图

4.10 广场景观规划设计

4.10.1 滨水绿地及文化广场景观设计

1. 基地概况

结合城市湖滨地段民国历史街区的更新,现需要对文化广场及相邻湖滨绿地进行改造设计,其中西侧滨水地段有一段为自来水厂,该厂占地 1.8 hm²,地块西侧为湖面,湖面常水位标高为 28 m。地块南北两侧为现有的城市公园，东侧与文化广场相邻。根据城市规划的要求，将拆迁改造自来水厂，纳入滨水公园（图4-98）。

2. 设计要求

①原自来水厂建筑质量较差，均可拆除，但其中有一个水塔考虑保留，该水塔底部直径为8 m，有收分，高约18 m；

②合理组织交通，将南北侧公园衔接形成滨水绿带；

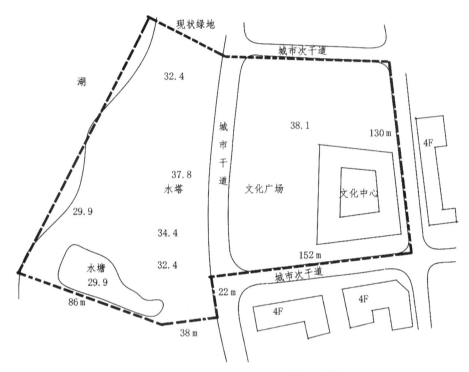

图4-98 滨水绿地及文化广场基地现状图

③地块考虑生态停车场的要求，停车数量为50辆小型汽车；

④地段内设置相应的亭廊休息设施，规模自定；

⑤可根据设计意图适当改造地形及滨水岸线形态；

⑥地块东侧，隔着城市道路的地段是在本次规划中专门留下的城市空间，拟设计文化广场，适当考虑以某种方式与滨水绿地衔接，广场中有一栋文化中心建筑，主入口位于建筑西侧，其他三面均可设置出入口，广场预留面积约为1.3 hm²，注意广场与周边道路与建筑的衔接。

3. 设计方案

滨水绿地及文化广场设计方案草图见图4-99，方案源于风景园林专业"快题设计"课程，高校研究生入学考试真题专项练习作业。

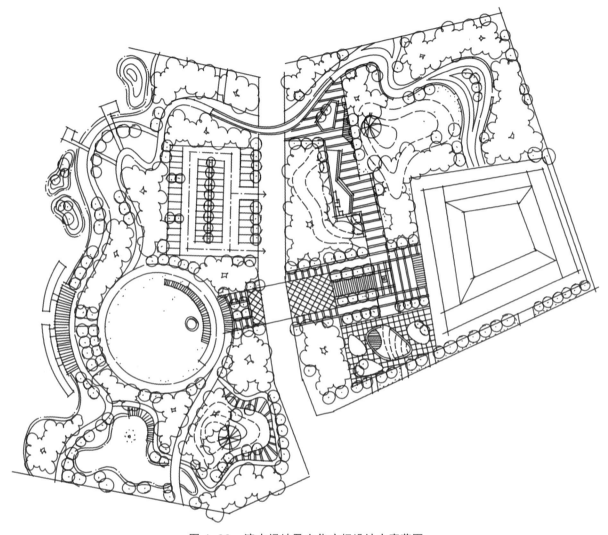

图 4-99 滨水绿地及文化广场设计方案草图

4 方案评价

方案设计结构清楚，道路流线层次分明，结合现状的水塔和文化中心建筑组织空间轴线，形成整个场地的主要骨架，通过架空步道衔接两个地块。从结构、现状保留要素利用、停车场设计上看基本实现了任务书预定目标。东侧文化广场用地的设计可以适当增加硬质比例，尤其在文化馆建筑周围，硬质偏少。

5. 其他设计方案

滨水绿地及文化广场设计其他方案草图见图 4-100，方案源于风景园林专业"快题设计"课程，高校研究生入学考试真题专项练习作业。

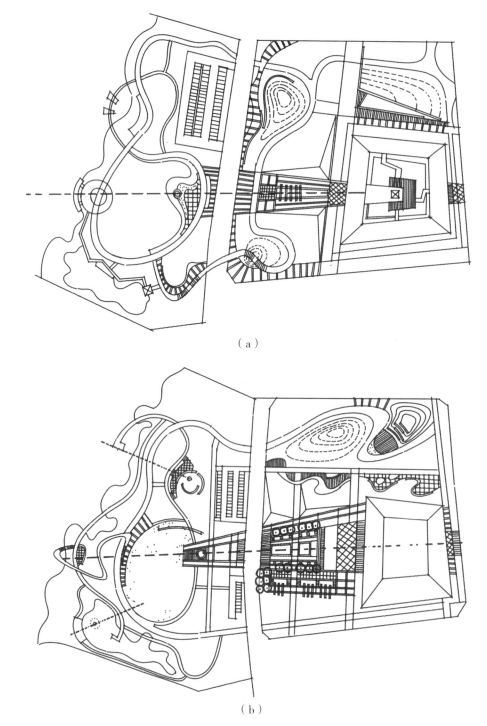

图 4-100 滨水绿地及文化广场设计其他方案草图

4.10.2 城市商业广场设计

1. 基地概况

商业综合体广场景观设计场地面积为 1.2 hm², 基地北侧为现状商业综合体, 西侧为现状商业区, 东侧和南侧为居住区, 场地内部较为平整, 具体情况如图 4-101 所示。

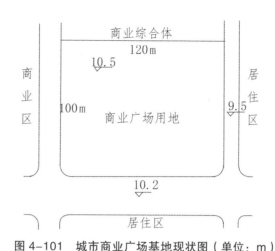

图 4-101 城市商业广场基地现状图（单位：m）

2. 设计要求

①规划设计一栋景观建筑，作为文化展览和市民文创交流场所；

②规划设计一座雕塑，立意、主题自定；

③空间设计应考虑竖向变化，在有限的空间中尽可能创造丰富的空间层次，提升人们的空间体验；

④设计一处户外露天演出场地，满足平时的商业、文化演出需求；

⑤其他功能可根据设计主题自行确定。

3. 设计方案

城市商业广场设计方案总平面图见图 4-102，鸟瞰图见图 4-103，方案源于风景园林专业"快题设计"课程，城市商业广场专项训练作业。

4. 方案评价

本方案设计以椭圆形作为基本形，通过椭圆曲线的空间组合划分场地空间，中心空间通过设计下沉式绿地构建开敞式公共草坪，结合草坪坡地设计露天表演场地及观演场地。为了避免空间形式单一，空间形式过于平面化，方案在竖向设计上做了大胆构思，通过向上、向下拓展空间，创造空间层次，总体构思具有一定的创意。

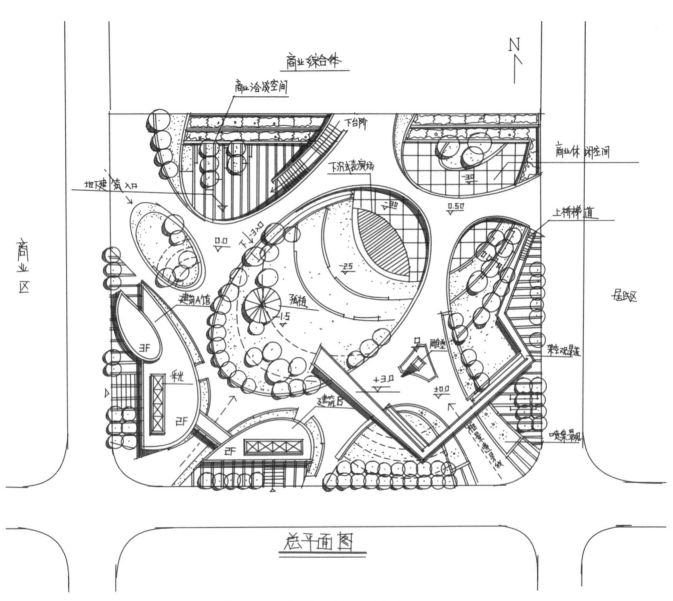

图 4-102 城市商业广场设计方案总平面图

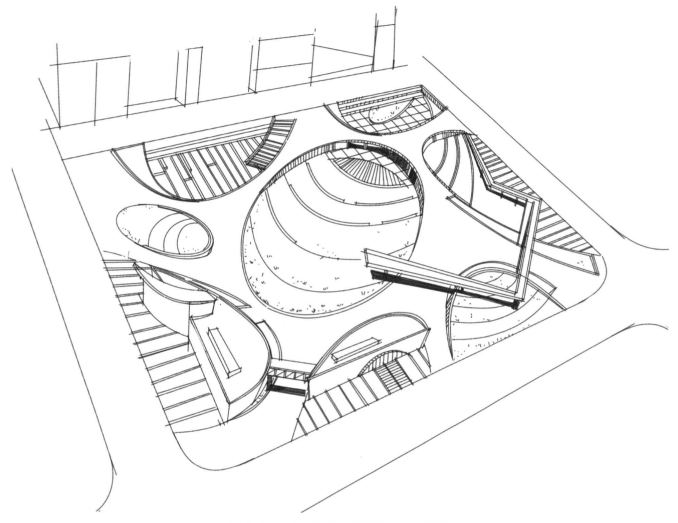

图 4-103　城市商业广场设计方案鸟瞰图

4.10.3　市民休闲广场景观设计

1. 基地概况

规划设计场地面积约 1 hm², 设计场地周边均为城市次干道, 场地内部保留有部分硬质场地和一处遗留建筑。场地北、东及南侧为居住用地, 西侧紧邻设计场地为两栋现状建筑, 建筑出入口位置如图 4-104 所示, 现拟将其规划设计为市民休闲广场。

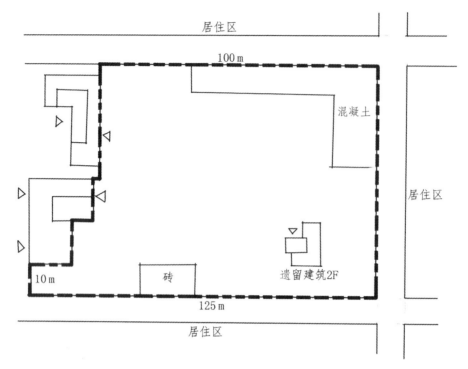

图 4-104　市民休闲广场基地现状图

2. 设计要求

①充分尊重场地现状进行场地布局；

②场地内遗留的硬质要素可结合需要适当造景，形式自定；

③保留现状建筑，并对其进行保留利用；

④结合场地分析设计功能空间并合理限定空间尺度。

3. 设计方案

市民休闲广场景观设计方案草图见图 4-105～图 4-108，方案源于风景园林专业"快题设计"课程，市民休闲广场专项训练作业。

4. 方案评价

作为市民休闲广场，其空间设计可以更加自由。四套方案结构均较为清晰，空间形式各有千秋。场地内的部分硬质场地及建筑得到保留利用。基地西侧建筑现状出入口与广场内部空间相互衔接，总体上满足设计任务要求。四套方案的主要差异在于形式和空间的格局，多在中心布局大空间，围绕大空间布局小节点，空间营造具有一定特色。

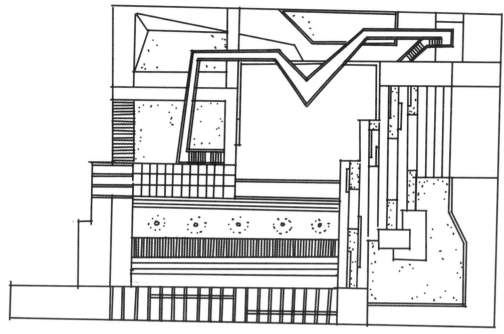

图 4-105 市民休闲广场景观设计方案 A 草图

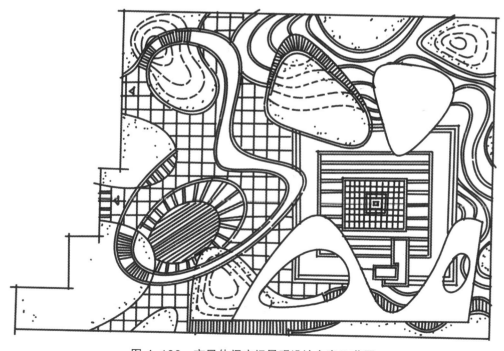

图 4-106 市民休闲广场景观设计方案 B 草图

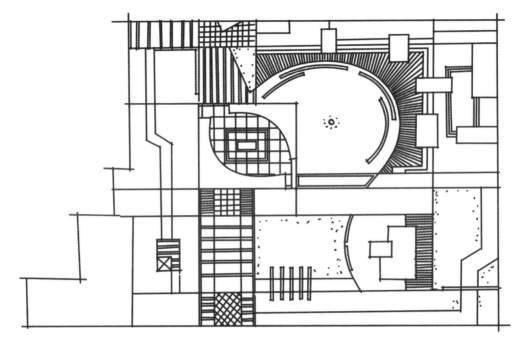

图 4-107 市民休闲广场景观设计方案 C 草图

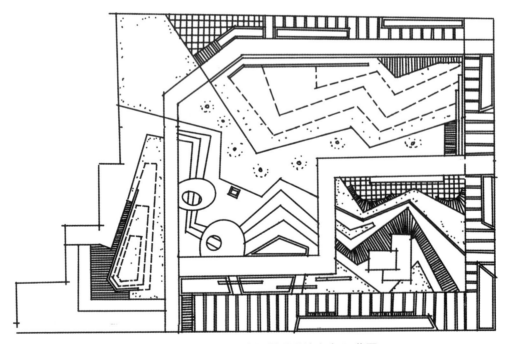

图 4-108 市民休闲广场景观设计方案 D 草图

5. 其他方案

市民休闲广场景观设计其他方案见图 4-109、图 4-110，方案源于风景园林专业"快题设计"课程，市民休闲广场专项训练作业。

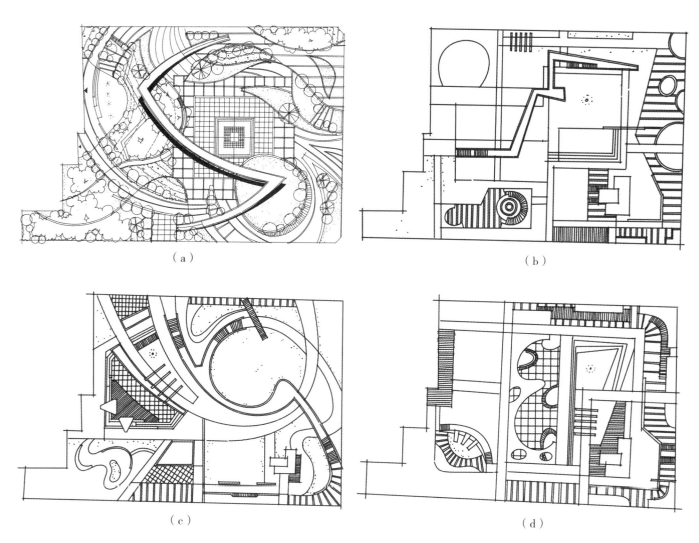

(a)

(b)

(c)

(d)

图 4-109 市民休闲广场景观设计其他方案草图 A

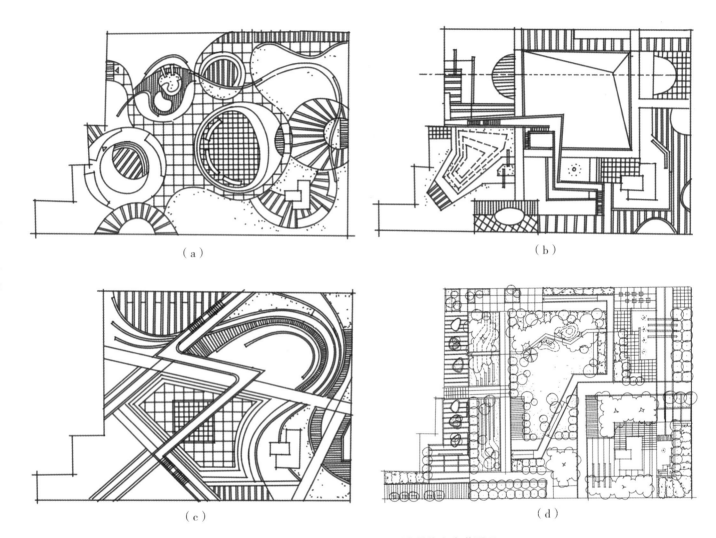

图 4-110 市民休闲广场景观设计其他方案草图 B

4.10.4 站前广场景观设计

1. 基地概况

基地位于华中某城市。火车站前闲置土地拟规划设计成城市广场，使之成为城市形象的展示窗口。设计场地北侧为城市火车站（图 4-111），此站规模较小，为两台四线城市二等站。基地北侧为站前通道，为城市主路，东西南三面有居住区和商业区布局。场地内部有一处硬化空间遗留，整体地形较为平整。

2. 设计要求

①充分尊重场地现状进行场地布局；
②场地内遗留的硬质要素可结合需要适当造景，形式自定；
③此站前广场不承担交通换乘功能，内部空间主要满足市民休闲和城市形象展示需要，硬质空间比例不小于60%。

图 4-111 站前广场基地现状图

3. 设计方案

站前广场景观设计方案图见图 4-112～图 4-114，方案源于风景园林专业"快题设计"课程，高校研究生入学考试真题专项训练作业。

4. 方案评价

站前广场的设计多数需要考虑各类流线，有些还会作为换乘广场进行设计，发挥以交通为主导的功能。但本项目任务有所不同，该车站为小型站，规划设计目的是作为市民休闲和城市形象展示的窗口，因此在方案设计中，空间结构可以更加灵活，而不局限于常见的中轴对称的布局。两个方案各有特色，部分硬质场地在设计中得以保留改造。方案 A 中心区结合硬质场地设计水景，架设象征沟通交流的桥梁跨越基地东西，具有很好的象征意义。方案 B 在靠近车站一侧设计城市形象雕塑，呼应设计主题。

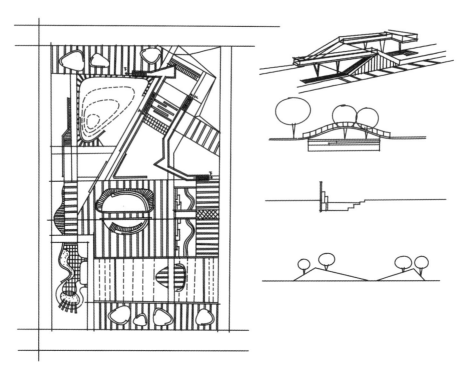

图 4-112　站前广场景观设计方案 A 草图

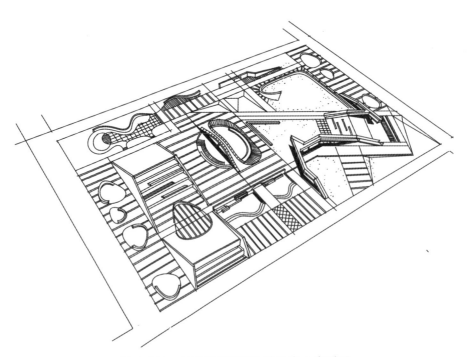

图 4-113　站前广场景观设计方案 A 鸟瞰图

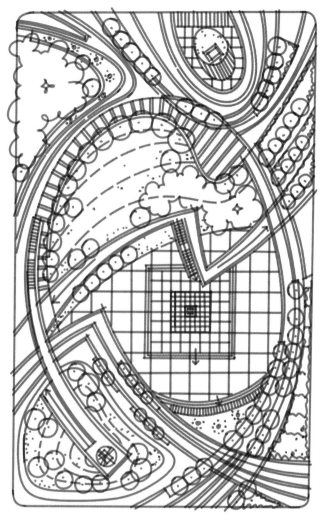

图 4-114 站前广场景观设计方案 B 草图

4.10.5 滨水休闲广场景观设计

1. 基地概况

基地位于海口市,该市地处低纬度热带北缘,属于热带海洋性季风气候。全年日照时间长,辐射能量大,年平均气温为 23.8 ℃,最高平均气温为 28 ℃左右,最低平均气温为 18 ℃左右;年平均降水量为 1697 mm,年平均蒸发量为 1834 mm,平均相对湿度为 85%。常年以东北风和东南风为主,年平均风速为 3.4 m/s。海口自北宋开埠以来,已有近千年的历史,2007 年入选国家级历史文化名城名录。基地位于海口市中心滨河区域,总面积为

1.16 hm²。基地南邻城市主干道宝隆路（红线宽度48 m，双向6车道），宝隆路南为骑楼老街区，是该市一处最具特色的街道景观，现已开辟为标志性旅游景点，其中最古老的建筑建于南宋。这些骑楼具有浓郁的欧亚混合文化特征，建筑风格也呈现多元化的特点，既有浓厚的中国古代传统建筑风格，又有对西方建筑的模仿，还有南洋文化的建筑及装饰风格。基地北邻同舟河，该河宽度约为180 m，河北岸为高层住宅区。同舟河一般水位为3.0 m，枯水期水位为2.0 m。规划按照100年一遇标准进行防汛，水位高程控制标准为4.5 m（不需要考虑每日的潮汐变化）。基地东侧为共济路，道路红线宽度22 m（双向4车道），为城市次干道。基地内西侧有20世纪20年代灯塔一处，高度约为30 m。东侧有几棵大树，其余均为一般性自然植被或空地（图4-115）。

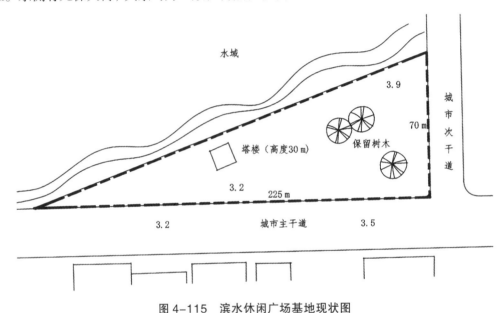

图4-115 滨水休闲广场基地现状图

2. 设计要求

①基地要求规划设计为滨水休闲广场，满足居民日常游憩、聚会及游客集散所需，要求既考虑到城市防汛安全，又能保证一定的亲水性；

②需规划地下小汽车标准停车位不少于50个，地面旅游巴士（45座）临时停车位3个，非机动车停车位200个，地下停车区域需在总平面图上用虚线注明，地上停车位需明确标出；

③需布置一处节庆集会场地，能满足不少于500人集会所需，作为海口市一年一度的骑楼文化旅游节开幕式所在地；

④本规划设计参考执行规范为《城市绿地设计规范》及《公园设计规范》，请根据上述规范进行公共服务设施的配置校核。

3. 设计方案

滨水休闲广场景观设计方案草图见图 4-116 ～图 4-118，方案源于风景园林专业"快题设计"课程，滨水休闲广场景观设计专项训练作业。

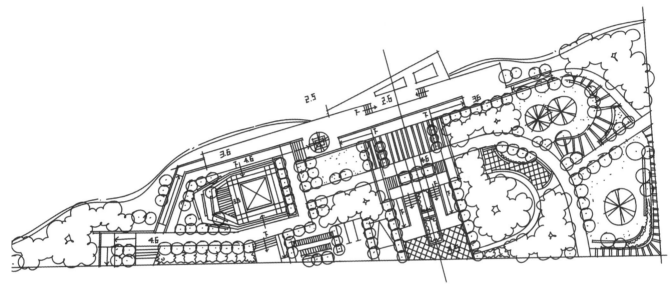

图 4-116 滨水休闲广场景观设计方案 A 草图

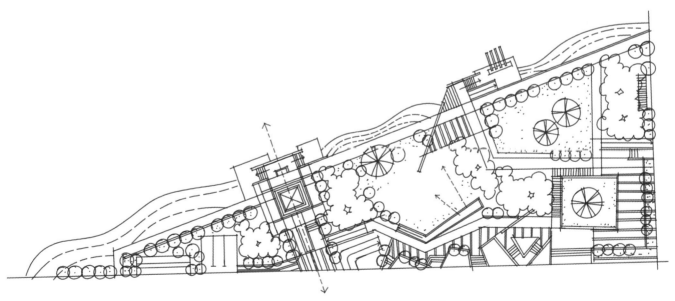

图 4-117 滨水休闲广场景观设计方案 B 草图

4. 方案评价

此项目最大的难点是在完成各项功能任务的同时还要解决亲水防洪的问题。总体来说，三个方案总体结构清晰，道路流线明确，通过合理的竖向设计基本都能够满足任务书要求的防洪标准。方案 A、方案 B 对现状保留植物的造景利用比较好，方案 C 设计了一段架空观景步道，具有一定特色，但滨水驳岸设计略显生硬。任务书要求规划设计能容纳 500 人的集会场地，首先需要明确尺度，500 人需要多大面积（最低按照 1 m^2/ 人计算），如果集会场地内还需要增加绿化点缀，则需要相应增加面积。

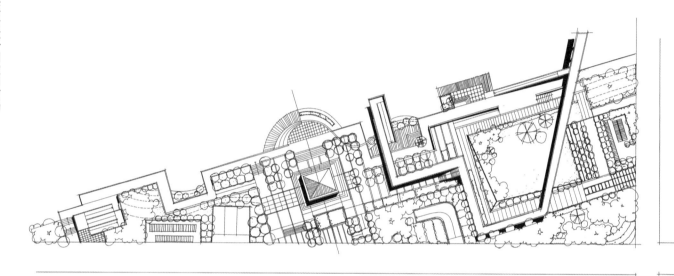

图 4-118　滨水休闲广场景观设计方案 C 草图

4.10.6　城市核心区广场景观设计

1. 基地概况

本次需要改造的城市广场位于长三角某城市的核心区，尺寸如图 4-119 所示，基地为三角形，内部地形平坦。在场地东北角有一个在建地铁出入口（地下 -5 m 处）。场地中心还有一座主题为"大地乐章"的大型雕塑，四周为整齐灌木围合的花坛。场地被城市道路环绕，西南侧为城市干道，北侧、东侧为次干道，周边为学校及居住区。

2. 设计要求

①结合场地内地铁出入口的设置，通过景观层叠的手段，使建筑、广场和绿地构成一个整体的景观形态；

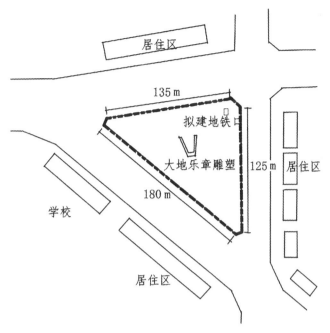

图 4-119 城市核心区广场基地现状图

②除主题雕塑需要保留之外，原地形和植物都可以改造，改造后的广场要突出开放性和参与性，设置合理的入口位置和数量，合理布置游览路线，同时考虑共享单车的停车位置；

③场地内要有一处可容纳至少 100 人的户外剧场，要求配备阶梯看台；

④在场地中规划一处 1000 m^2 以上的展览馆，可设计为半地下建筑；

⑤规划一处咖啡馆，面积为 200～300 m^2，要求配置相应的室外茶座。

3. 设计方案

城市核心区广场景观设计方案草图见图 4-120，方案源于风景园林专业"快题设计"课程，城市核心区广场景观设计专项训练作业。

4. 方案评价

该场地内限制因素较多，方案设计需要处理场地内部多个方面的问题。首先是要求设计一个 1000 m^2 的展览馆，由于基地面积有限，方案采用半地下的形式，建筑屋顶覆土，整个建筑融入广场景观。下沉式空间不仅串联了展览馆，还可以与地铁出入口合并设计。现状雕塑予以保留利用，并利用雕塑规划设计表演广场，设计具有一定的创新性，方案总体满足设计要求。但广场边缘软质要素布置较多，可适当增加硬质空间比例。

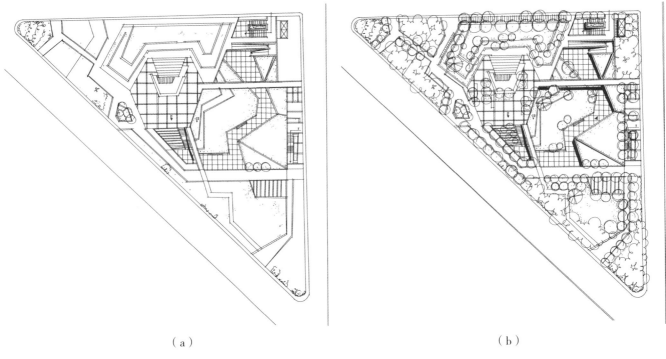

(a)　　　　　　　　　　　　　　　　　　(b)

图 4-120　城市核心区广场景观设计方案草图

4.10.7　政务办公区文化休闲广场景观设计

1. 基地概况

某城市拟集中建设文化局、体育局、教育局、广电局、老干部局等办公建筑。在建筑群东侧设置文化休闲广场，安排市民活动的场地、绿地和设施。广场内建设有图书馆和影视厅（图 4-121）。

2. 设计要求

①需要布置 3 m 见方（9 m²）的服务亭两个；

②需要布置地面机动车停车位 8 个、非机动车停车位 100 个；

③现状场地基本为平地，可考虑地形竖向上的适度变化；

④应有相对集中的广场，便于市民聚会锻炼以及开展节庆活动等；

⑤建筑东侧的入口均为步行辅助入口，应和广场交通系统有机衔接；

⑥场地和绿地结合，绿地面积（含水体面积）不小于广场总面积的 1/3；

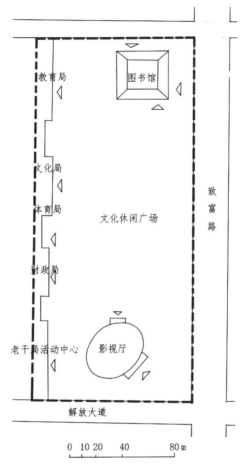

图 4-121 政务办公区文化休闲广场基地现状图

⑦需布置面积约 50 m² 的舞台一处,并有观演空间(观演空间固定或临时均可,观演空间和集中广场结合也可以)。

3. 设计方案

政务办公区文化休闲广场景观设计方案草图见图 4-122、图 4-123,方案源于风景园林专业"快题设计"课程,政务办公区文化休闲广场景观设计专项训练作业。

4. 方案评价

该地块地形较为平坦,内部有两栋公共建筑,西侧为市政务办公区,有较多的出入口需要考虑与广场内部空间进行衔接。两个方案整体流线处理及空间结构设计都较为合理,两栋现状建筑一方一圆,建筑周边的结构也参照建筑形式进行设计,很好地将现状建筑融入整个广场空间。但是,方案 A、B 中服务亭未在方案中标出,集中

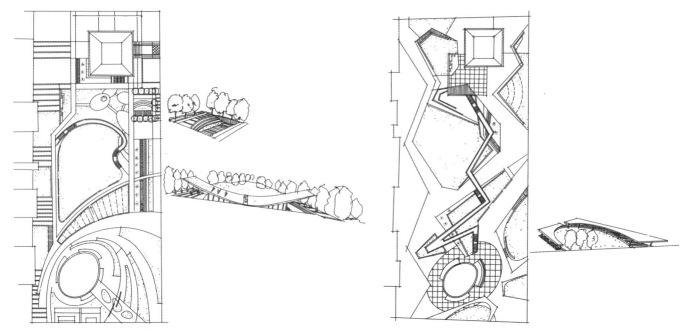

图 4-122　政务办公区文化休闲广场景观设计方案 A 草图　　图 4-123　政务办公区文化休闲广场景观设计方案 B 草图

的广场设计不明显，方案 B 中未将西侧办公区楼群出入口与广场内部空间进行衔接，且未考虑停车场规划。

4.10.8　城市市民休闲文化广场

1. 基地概况

项目位于华东某城市中心地块，西侧为城市主干道和商业区，东、北、南侧均为城市次干道和居住区，基地面积约为 2 hm²。现要将其规划设计为城市市民休闲文化广场，满足市民日常休闲、交流和观景的需求（图 4-124）。

2. 设计要求

①场地南侧有一座 2 层文化馆需要保留，其主要入口在西侧、南侧；
②文化馆需要设计 100 个非机动车停车位；
③场地中需要增设室外小剧场、水景和景观廊架等设施，绿地面积控制在 50% 左右。

3. 设计方案

城市市民休闲文化广场设计方案草图见图 4-125～图 4-127，方案源于风景园林专业"快题设计"课程，高校研究生入学考试真题训练作业。

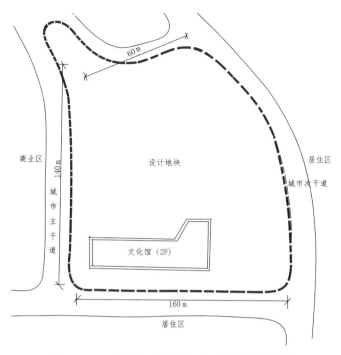

图 4-124 城市市民休闲文化广场基地现状图

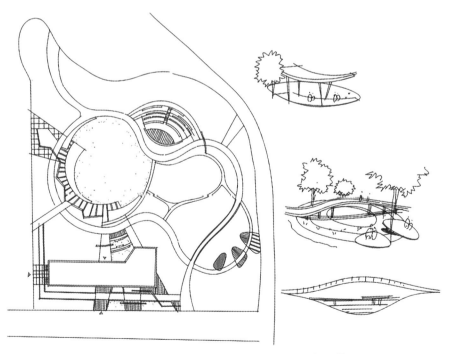

图 4-125 城市市民休闲文化广场设计方案 A 草图

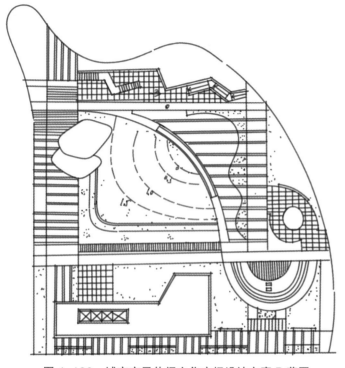
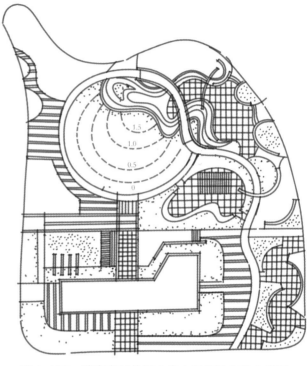

图 4-126　城市市民休闲文化广场设计方案 B 草图　　　　图 4-127　城市市民休闲文化广场设计方案 C 草图

4. 方案评价

3 个方案基本满足任务书要求，但方案 A 硬质空间比例略显不足，广场设计必须保证具有较大比例的硬质空间满足各类休闲活动的需要。方案 B 和方案 C 设计完整，空间处理较为灵活。结合中心开敞空间布局各类休闲小广场，流线合理。广场设计与公园设计最大的区别是软硬质空间比例，3 个方案均可酌情增加硬质空间规模，非机动车停车场未作设计或表现不明确。

5. 其他设计方案

城市市民休闲文化广场设计其他方案草图见图 4-128，方案源于风景园林专业"快题设计"课程，城市市民休闲文化广场景观设计专项训练作业。

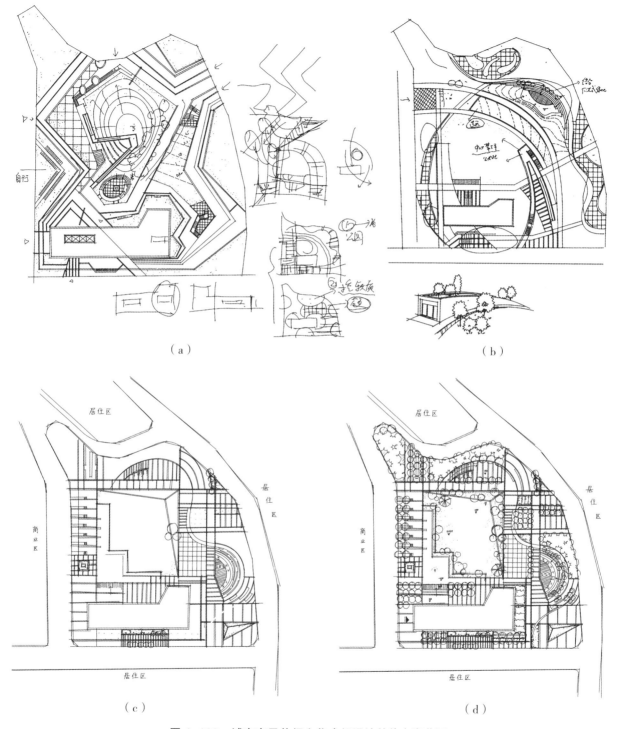

图 4-128 城市市民休闲文化广场设计其他方案草图

4.11 市民休闲文化公园设计

4.11.1 城市核心区公共空间景观设计

1. 基地概况

江南某城市中心绿地（图4-129），基地地下5 m为地下车库，场地内有一处历史保留建筑，场地南侧为2处地下停车场入口，尺寸为7 m×21 m。场地四周均为商业用地，其中北面为商业核心区，有一条商业步行道。设计要求满足场地的开放性、参与性，周围居民可以便捷地进入场地内，同时要求通过景观层叠的设计手法合理组织地库与地面的关系并满足地下车库的通风及采光要求。

2. 设计要求

①设置1000 m²的市民文化展厅、100 m²的咖啡厅，并且设置户外座椅；
②设置一处可以容纳100人的阶梯看台和小型舞台。

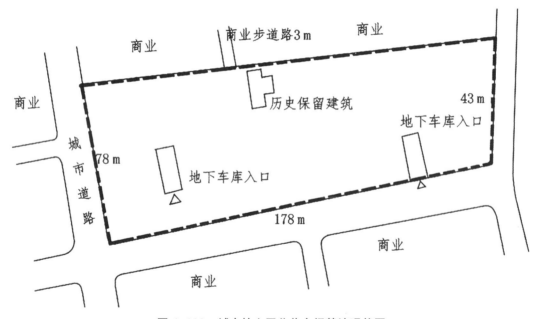

图4-129 城市核心区公共空间基地现状图

3. 设计方案

城市核心区公共空间景观设计方案草图见图4-130～图4-132，方案源于风景园林专业"快题设计"课程，城市核心区公共空间景观设计专项训练作业。

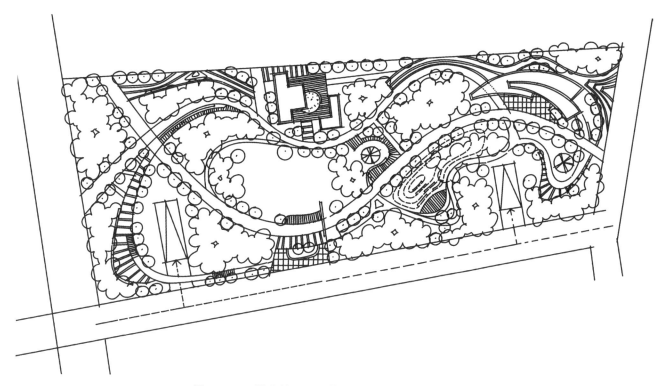

图 4-130　城市核心区公共空间景观设计方案 A 草图

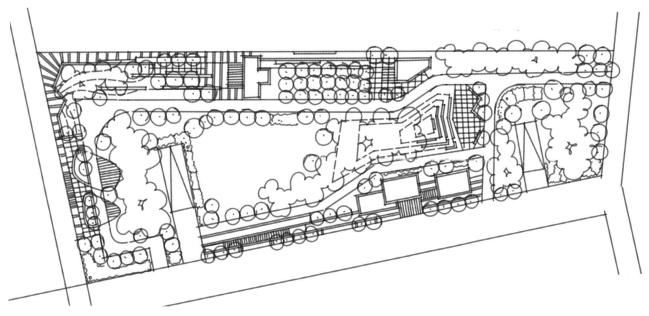

图 4-131　城市核心区公共空间景观设计方案 B 草图

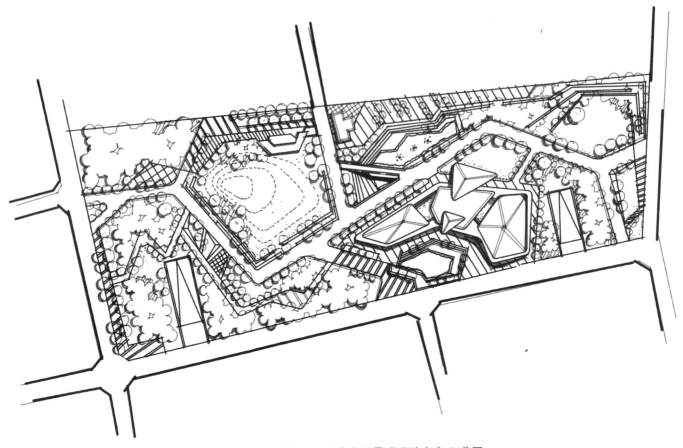

图 4-132 城市核心区公共空间景观设计方案 C 草图

4. 方案评价

该基地面积有限且基地内部存在诸多限制性因素，任务要求功能较多，需要全面分析构思，以寻求最佳的解决方案。三个设计案例总体上完成了任务书的设计要求。方案 A、B 中，建筑体量设计略小。通常来说，公园、广场中的这类公共建筑一般以 1～3 层为宜，并且要与周边景观要素完美融合。在基地面积小的情况下，公共建筑可以考虑做成地下或半地下，留出更多空间给绿地和广场，三个方案对地下空间采光和通风方面的设计略显不足。

5. 其他方案

城市核心区公共空间景观设计其他方案草图见图 4-133，方案源于风景园林专业"快题设计"课程，城市核心区公共空间景观设计专项训练作业。

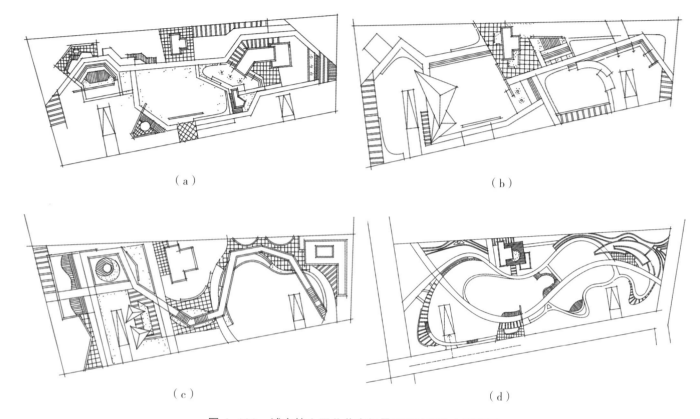

图 4-133　城市核心区公共空间景观设计其他方案草图

4.11.2　科技馆附属公共绿地景观设计

1. 基地概况

基地位于中部地区某城市中心地块，用地总面积约 2.7 hm²，基地北侧紧邻城市干道，道路一侧为城市大型购物中心；东、西两面紧邻城市支路，道路一侧为居住区；南侧紧邻城市水系；基地西南角为一栋现代风格的科技馆，建筑高三层，主入口位于建筑北侧，基地内保留古树若干（图 4-134）。

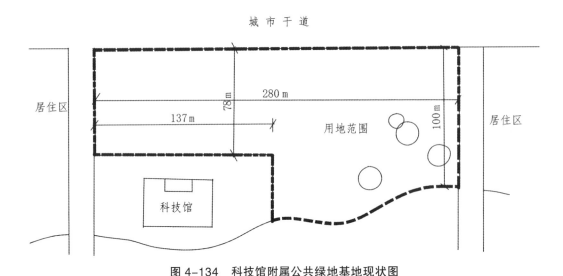

图 4-134 科技馆附属公共绿地基地现状图

2. 设计要求

①规划方案功能合理、结构清晰，设计充分考虑周边环境的特点；

②尊重现有自然环境，保留现存古树；

③综合布置绿地、小品、铺装以及其他设施。

3. 设计方案

科技馆附属公共绿地设计结构图及方案草图见图 4-135、图 4-136，方案源于风景园林专业"快题设计"课程，高校研究生入学考试真题专项训练作业。

4. 方案评价

此设计方案的最大优点是结构清晰，构图线条形式感强。从功能上看，道路流线设计较为合理，但对于具体功能的落实却不明显。场地现状较为平整，因此在方案中做了一些竖向设计，增强了游客的空间体验，滨水区的空间设计略为生硬。保留树木在方案中应予以强调，明确现状乔木保护和利用的方式，但应注意古树保护的范围，应结合相关规范进行检验。

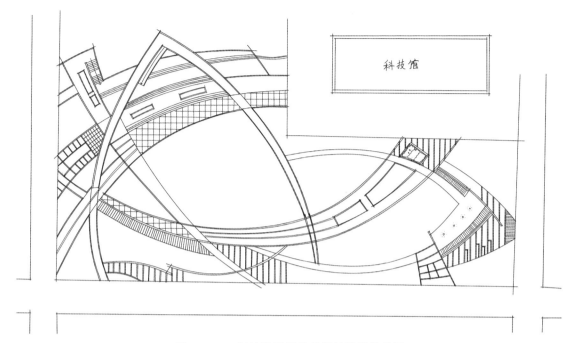

图 4-135 科技馆附属公共绿地设计结构图

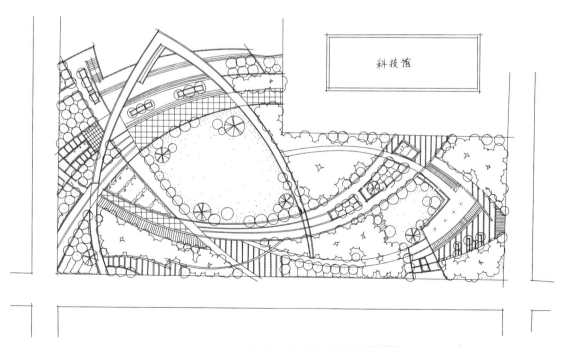

图 4-136 科技馆附属公共绿地设计方案草图

4.11.3 市民休闲公园设计

1. 基地概况

江南某城市利用一块苗圃基地建设一个市民休闲公园（图 4-137），公园现状场地东、南两侧均为城市次干道；西侧为居住区，其间有一条小道；北侧以河流为界（常水位 10.1 m，最高水位 10.8 m）。公园场地总体较为平坦，但东侧与南侧边界有高差，比城市道路低，场地东南角有一片水泥场地与城市道路相平。场地中部有一片现状水塘，水塘向北与河流相连，场地中有近 18 棵长势良好的大乔木（香樟 2 株、水杉 16 株），需要在设计中保留，另有一片桃林，可根据设计需要进行取舍。公园主入口宜设置在公园南部。

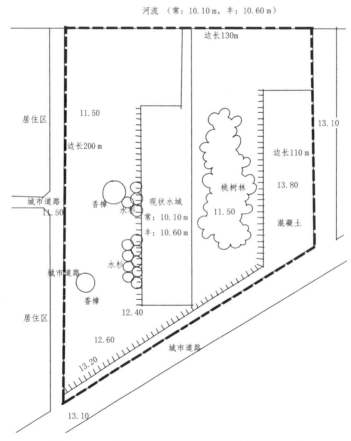

图 4-137 市民休闲公园基地现状图（单位：m）

2. 设计要求

①合理利用现状及周边环境条件，功能布局合理，景观空间组织有序；

②合理组织公园道路系统并与城市道路有机衔接，有高差的入口须解决竖向交通问题，停车场规模自定；

③规划设计一栋服务建筑。

3. 设计方案

市民休闲公园设计方案草图见图4-138，方案源于风景园林专业"快题设计"课程，高校研究生入学考试真题专项训练作业。

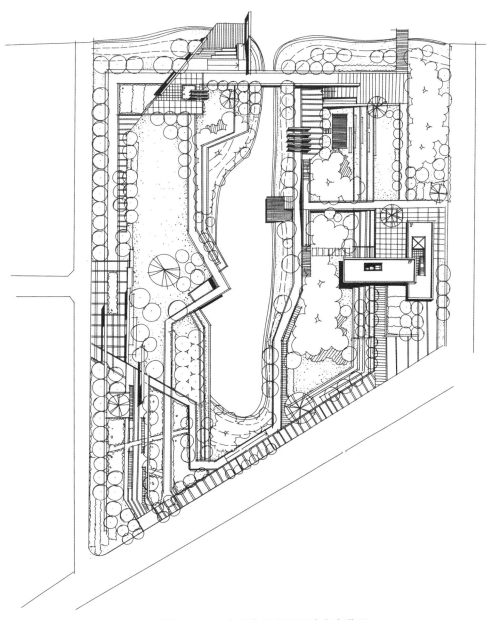

图 4-138　市民休闲公园设计方案草图

4. 方案评价

此方案设计中将场地内保留要素进行了很好的利用,对内部水塘进行了局部调整,创造了一些亲水空间。作为市民休闲公园,观景、游憩、文化体验以及生态环境教育等方面的需求在方案设计中均予以考虑。本方案设计未考虑停车问题,宜在空间中规划设计适当规模的机动车停车场和非机动车停车场,方便游客出行。

4.11.4 滨河公园售楼处景观设计

1. 基地概况

房地产企业为展示企业产品对居住环境的追求,计划在楼盘的优选地段建造用于销售与展示的"售楼处"。房地产公司通过和政府部门协商,该售楼处将位于城市某段滨河公园的西侧,希望通过一体化的设计将售楼处外围环境和滨河公园融为一体,面积约 1.5 hm²(图 4-139),场地内有 9 棵高大乔木需要保留。基地中有一条宽约 15 m 的城市河流,水深 1 m,不通航。在景观设计中,可以修改河道线形,但不得取消河道,不得减少过水断面,河上下应该自然衔接。同时河道水面标高与场地标高的高差约 2.5 m,在设计中应给予关注,注意竖向处理。

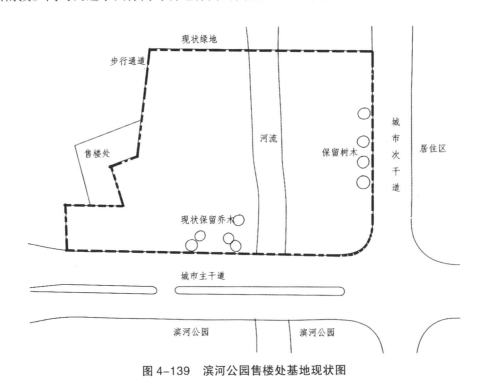

图 4-139 滨河公园售楼处基地现状图

2. 设计要求

①该基地作为某知名房地产售楼处的环境展示区来设计,同时也是城市滨河绿地的一部分,在售楼结束后继

续作为公共空间来使用；

②基地景观设计应考虑近远期的综合使用，近期要考虑售楼的需求，考虑室外洽谈和景观示范区的展示，远期则可以作为滨河公园的一部分继续使用而无须拆除重建；

③设计应注重对原始地形以及现状河道的利用，道路体系以满足行人为主，同时做到场地通达。

3. 设计方案

滨河公园售楼处景观设计方案草图见图4-140，方案源于风景园林专业"快题设计"课程，高校研究生入学考试真题专项训练作业。

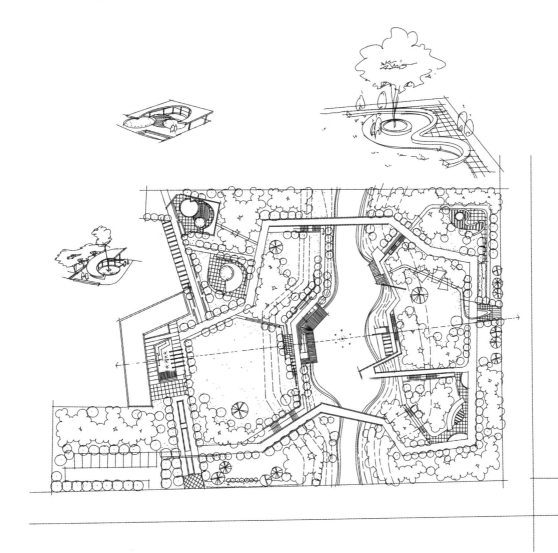

图4-140 滨河公园售楼处景观设计方案草图

4. 方案评价

此项目设计需要考虑两个方面的功能要求：①满足售楼处的相关功能要求，在售楼处周边要规划设计好停车场、洽谈区和展示区，这些功能前期主要为售楼处服务，后期将成为城市公共空间来服务市民；②河道两岸空间统筹规划，增强两岸地块的整体性，将河岸局部拓宽，形成较大的水面并营造亲水空间。方案总体上满足任务书要求。

4.12 校园景观设计

4.12.1 大学校园公共绿地景观设计

1. 基地概况

华中地区某高校，为了迎接学校建校 60 周年，拟将位于学校校史馆、教学楼的附属空间进行整体规划，具体规划设计范围见基地现状图（图 4-141）。基地被校园内主要道路划分为 3 个区域，内部地形均较为平整。

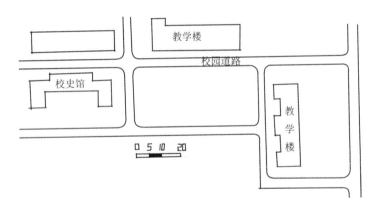

图 4-141　大学校园公共绿地基地现状图

2. 设计要求

①自行确定设计主题；

②被校园道路分隔的 3 个小地块在设计中应整体考虑，既要考虑不同地块之间的功能差异，也要保持三者之间的整体性，应强化结构的联系；

③场地中需要结合学校建校 60 周年，设计校园历史文化展示墙或雕塑。

3. 设计方案

大学校园公共绿地景观设计结构图及方案草图见图 4-142、图 4-143，方案源于风景园林专业"快题设计"

课程，高校研究生入学考试真题专项训练作业。

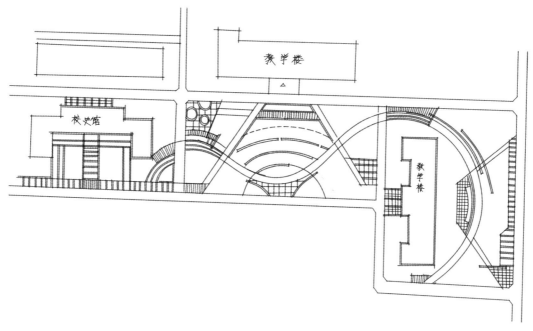

图 4-142　大学校园公共绿地景观设计结构图

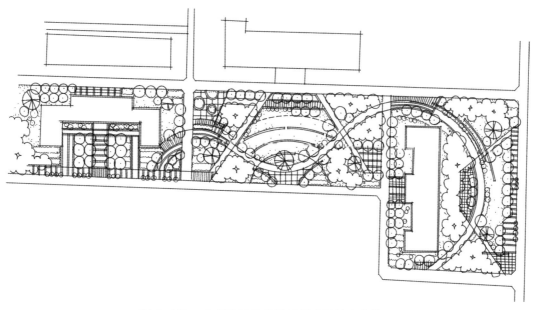

图 4-143　大学校园公共绿地景观设计方案草图

4. 方案评价

设计区域锁定在校园内,服务人群为师生,内部保留有建筑,因此出入口区域需要做好空间划分,铺装设计也要格外强调出入功能。可以通过道路线条的连续布局将3个地块进行整合,种植设计尤其要注意与建筑物的配合,不能过度遮挡视线和光线。方案中将较为开敞的区域设计成师生的活动和交流空间,并沿着主次动线布置了景墙用于文化展示,同时还强化了空间围合性。

4.12.2 中学校园公共绿地景观设计

1. 基地概况

设计地块位于中学校园内,总占地面积约 1.5 hm² (图 4-144)。学校是该地省级示范高中,拥有 100 余年的建校历史。设计地块位于校园核心区域。基地内部有两栋现状建筑,红砖砌体结构,均为 2 层,已有 60 余年的历史,整体保存状况良好。场地内有 3 棵大型乔木,长势良好。基地北侧为校园主干道和教学楼,西侧为校园次干道以及人工湖,南侧为现状公共绿地,东侧为实验楼。基地整体地形平坦,土质良好。

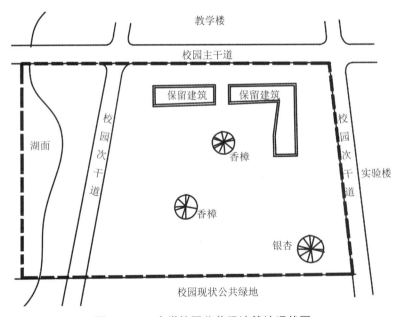

图 4-144 中学校园公共绿地基地现状图

2. 设计要求

①自行确定设计主题;
②保留现状建筑,建筑功能可根据设计主题需要自行确定;

③保留现状乔木,结合现状乔木进植物造景;
④充分利用滨水空间,打造具有吸引力的滨水亲水空间;
⑤适当进行地形营造,创造丰富多样的空间形式。

3. 设计方案

中学校园公共绿地景观设计方案草图见图4-145,方案源于风景园林专业"场地设计"课程专项训练作业。

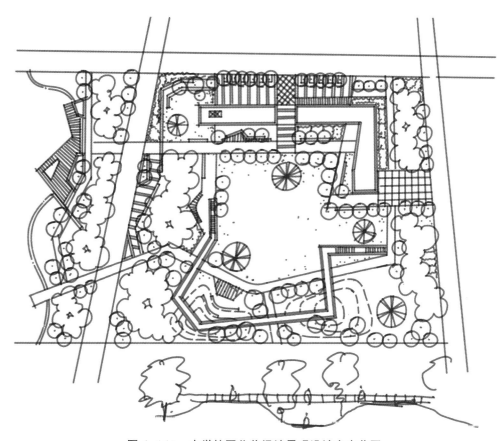

图4-145 中学校园公共绿地景观设计方案草图

4. 方案评价

方案对基地内部保留树木和建筑进行了很好的利用,将其纳入整个景观系统,与其他景观要素进行结合设计。通过微地形的营造、架空步道的设置,增强了空间立体感,有利于丰富师生游憩体验。中心区域设计开敞空间,配合保留大乔木进行组织;西侧结合水面营造了滨水空间。方案在形式选择、流线规划、空间布局方面基本上满足了任务书要求。

参 考 文 献

[1] 刘岳坤.风景园林快题设计方法与案例评析[M].北京：人民邮电出版社，2015.

[2] 刘岳坤.城市滨水空间亲水性设计策略[J].安庆师范大学学报（自然科学版），2016，22（2）：111-116，123.

[3] 刘岳坤.符号学视野下文化景观的可持续性设计研究[J].沈阳建筑大学学报（社会科学版），2016，18（4）：338-345.

[4] 刘岳坤，朱竹墨.基于微气候舒适度的城市住区景观品质评价——以冬冷夏热地区为研究区域[J].沈阳建筑大学学报（社会科学版），2018，20（6）：547-553.

[5] 刘岳坤.城市住区景观微气候生态设计方法研究[D].合肥：合肥工业大学，2017.

[6] 刘岳坤，黄鑫慧，杨超群.基于LPE体系的风景园林设计原理课教学模式探索[J].风景名胜，2019，358（3）：18.

[7] 傅伯杰，吕一河，陈利顶，等.国际景观生态学研究新进展[J].生态学报，2008，28（2）：348-354.

[8] 曾辉，陈利顶，丁圣彦.景观生态学[M].北京：高等教育出版社，2017.

[9] 中华人民共和国住房和城乡建设部.GB 51192—2016：公园设计规范[S].北京：中国建筑工业出版社，2016.

[10] 中华人民共和国住房和城乡建设部.GB/T 51149—2016：城市停车规划规范[S].北京：中国建筑工业出版社，2016.

[11] 中华人民共和国住房和城乡建设部.GB/T 50103—2010：总图制图标准[S].北京：中国建筑工业出版社，2010.

[12] 中华人民共和国住房和城乡建设部.CJJ/T 85—2017：城市绿地分类标准[S].北京：中国建筑工业出版社，2017.

[13] 中华人民共和国住房和城乡建设部.CJJ/T 75—2023：城市道路绿化设计标准[S].北京：中国建筑工业出版社，2023.

[14] 中华人民共和国住房和城乡建设部.GB 50763—2012：无障碍设计规范[S].北京：中国建筑工业出版社，2012.